Günter Blochmann, Dieter Jacob, Rainer Wolf

Kooperationen mittelständischer Bauunternehmen

GABLER EDITION WISSENSCHAFT

Baubetriebswirtschaftslehre und Infrastrukturmanagement

Herausgegeben von Professor Dr.-Ing. Dipl.-Kfm. Dieter Jacob
Technische Universität Bergakademie Freiberg

Für internationales Zusammenwachsen und Wohlstand spielt gutes Infrastrukturmanagement eine zentrale Rolle. Erkenntnisse der baubetriebswirtschaftlichen Forschung können hierzu wichtige Beiträge leisten, die diese Schriftenreihe einem breiteren Publikum zugänglich machen will.

Günter Blochmann, Dieter Jacob, Rainer Wolf

Kooperationen mittelständischer Bauunternehmen

Zur Erschließung neuer Marktfelder bei der Privatisierung öffentlicher Aufgaben

Unter Mitarbeit von Michael Hanke, Hans Mahlstedt, Constanze Stuhr und Christoph Winter

Springer Fachmedien Wiesbaden GmbH

Bibliografische Information Der Deutschen Bibliothek
Die Deutsche Bibliothek verzeichnet diese Publikation in der Deutschen Nationalbibliografie; detaillierte bibliografische Daten sind im Internet über <http://dnb.ddb.de> abrufbar.

Diese Publikation basiert auf der Studie „Kooperationen mittelständischer Bauunternehmen zur Erschließung neuer Marktfelder bei der Privatisierung öffentlicher Aufgaben", die das Bundesministerium für Wirtschaft im Jahre 2001 in Auftrag gegeben hatte. Drucklegung erfolgt mit freundlicher Genehmigung des Auftraggebers.

1. Auflage November 2003

Ursprünglich erschienen bei Deutscher Universitäts-Verlag/GWV Fachverlage GmbH, Wiesbaden 2003

Lektorat: Brigitte Siegel / Annegret Eckert

www.duv.de

Umschlaggestaltung: Regine Zimmer, Dipl.-Designerin, Frankfurt/Main

Gedruckt auf säurefreiem und chlorfrei gebleichtem Papier

ISBN 978-3-8244-7969-6 ISBN 978-3-322-81638-2 (eBook)
DOI 10.1007/978-3-322-81638-2

Vorwort

Im August 2001 erteilte das Bundesministerium für Wirtschaft und Technologie, Berlin dem RKW Rationalisierungs- und Innovationszentrum der Deutschen Wirtschaft.e.V. den Auftrag, im Rahmen der wirtschaftswissenschaftlichen Forschung eine Untersuchung zum Thema

Kooperationen mittelständischer Bauunternehmen zur Erschließung neuer Marktfelder bei der Privatisierung öffentlicher Aufgaben

durchzuführen. Die Arbeiten wurden im Oktober 2001 begonnen.

Die Projektbearbeitung erfolgte in Kooperation mit der Prof. Dr. Jacob und Wagner GmbH, welche Unterauftragnehmer des RKW war. Herr Prof. Dr.-Ing. Dipl.-Kfm. Dieter Jacob ist Lehrstuhlinhaber des Lehrstuhles für Allgemeine Betriebswirtschaftslehre, insbesondere Baubetriebslehre an der TU Bergakademie Freiberg. An dem Projekt arbeiteten weiterhin Herr Dipl.-Ing., Dipl.-Wirt.-Ing. Michael Hanke (früher Amtsleiter in Zeitz) und der wissenschaftliche Mitarbeiter Herr Dr. Christoph Winter (früher Mitarbeiter bei den britischen Bauunternehmen Wimpey und Tarmac) und Frau Dipl.-Kffr. Constanze Stuhr mit. Im Rahmen des Arbeitsschrittes „Rechtliche Randbedingungen bei der Übernahme öffentlicher Aufgaben" wurde Herr Prof. Dr. jur. Rainer Wolf, Professor für Öffentliches Recht mit den Arbeitsschwerpunkten Bau- und Umweltrecht an der Technischen Universität Bergakademie Freiberg mit einbezogen. Er und Prof. Jacob sind u.a. Mitherausgeber des Freiberger Handbuches zum Baurecht.

Entsprechend der Laufzeit und Budgetausstattung konzentrierten sich die Informationssammlungen auf Deutschland und einige europäische Länder, wobei die Erfahrungen aus den europäischen Ländern lediglich über Literaturrecherchen und Einzelauskünfte einbezogen werden konnten. Recherchen vor Ort waren auf Grund der eingeschränkten Budgetausstattung nicht möglich.

Zwischenergebnisse wurden am 4. September 2002 und der vorläufige Schlussbericht am 21. Januar 2003 in Berlin beim Bundesministerium für Wirtschaft und Arbeit (BMWA) präsentiert.

RKW • Rationalisierungs-Gemeinschaft „Bauwesen"

Inhaltsverzeichnis

Abbildungsverzeichnis

Tabellenverzeichnis

Tabellenverzeichnis

Abkürzungsverzeichnis

ABS	Asset Backed Securities
AfA	Absetzung für Abnutzung
ARGE	Arbeitsgemeinschaft
BGF	Bruttogeschossfläche
BMWA	Bundesministerium für Wirtschaft und Arbeit
BOT	Build, operate, transfer
Difu	Deutsches Institut für Urbanistik
FuE	Forschung und Entwicklung
GU	Generalunternehmer
IuK	Information und Kommunkation
JVA	Justizvollzugsanstalt
KfW	Kreditanstalt für Wiederaufbau
KGSt	Kommunale Gemeinschaftsstelle für Verwaltungsvereinfachung
KMU	Kleine und mittelständische Unternehmen
NAO	National Audit Office
ÖPNV	Öffentlicher Personennahverkehr
PFI	Private Finance Initiative
PPP	Public Private Partnership
PuK	Privatisierungs- und Kooperationsbörse
SME	Small and medium sized enterprises
SPNV	Schienenpersonennahverkehr
SPV	Special Purpose Vehicle
VM	Value Management

1 Ziele, Methoden und Aufbau der Untersuchung

1.1 Ausgangslage und Problemstellung

Das Verhältnis zwischen Staat und Privaten weist zwei elementare Aspekte auf. Zum einen organisiert der Staat in seiner Funktion als Rechtsstaat einen verlässlichen Ordnungsrahmen, indem er die Freiheitsräume der Individuen und ihre Grenzen definiert. Zum anderen existiert die ökonomische Funktion des Leistungsstaates, die sich in der Entscheidung über die optimale Güterproduktion zwischen Staat und Privatwirtschaft konkretisiert.[1] In den letzten Jahren hat die zunehmende Finanznot des Staates insbesondere der Kommunen und der Strukturwandel der Wirtschaft von der Industrie- zur Dienstleistungsgesellschaft zu einer Überprüfung der öffentlichen Leistungstiefe geführt und eine zunehmende Präferenz für privatwirtschaftliche Lösungen bewirkt. Der „schlanke" Staat wird als Institution verstanden, die den notwendigen Rahmen für gesellschaftliche Leistungs- und Produktionsprozesse schafft, diese aber nicht mehr generell selber erbringt, wobei aber die Legitimationsproblematik beachtet werden muss. Die Übernahme öffentlicher Aufgaben durch Private oder die öffentlich-private Partnerschaft PPP wird deshalb auch als Modernisierungsstrategie des Staates verstanden.

Bei den öffentlichen Auftraggebern ist auf Grund der allgemein schwachen Haushaltssituation die private Finanzierung der Hauptanreiz, zu mehr privatwirtschaftlichen Lösungen zu greifen. Die eigentlichen Vorteile liegen jedoch, neben der Überbrückung von Liquiditätsengpässen, in den möglichen Effizienzgewinnen, d.h. Kosten-, Zeit- und Qualitätsvorteilen, die durch eine lebenszyklusumfassende Aufgabenübertragung auf die privaten Investoren und den entsprechenden Verantwortungs- und Risikotransfer realisiert werden können. Weitere Vorteile für die öffentlichen Auftraggeber können z.B. in der langfristigen Preissicherheit, insbesondere während der Betriebsphase, und der Versorgungssicherheit durch dauerhafte Wartung und Instandhaltung aus einer Hand liegen. Infolge der Langfristigkeit der Verträge werden die Kosten kalkulierbar, und gewünschte Dienstleistungen lassen sich schon im Vorfeld definieren und über die Vertragslaufzeit fixieren. Für Unternehmen, die öffentliche Aufgaben übernehmen wollen, bedeuten solche Modelle die Chance, neue Geschäftsfelder zu erschließen, in denen höhere Margen und eine Verstetigung von Zahlungsflüssen möglich werden können. Die Wertschöpfungskette kann verlängert werden, indem verschiedene, der Bautätigkeit vor- und nachgelagerte Bereiche einbezogen werden, was allerdings mit neuen Risiken verbunden ist.

[1] Bankgesellschaft Berlin: Public Private Partnership – Perspektiven im europäischen Markt. Berlin, 2001.

Auf Grund des breiten Aufgabenspektrums ist die Beteiligung an privatwirtschaftlichen Lösungen zur Übernahme öffentlicher Aufgaben und damit die Erschließung neuer Marktfelder durch Bauunternehmen in der Regel nur durch Kooperationen möglich. Wie solche Kooperationen unter Beachtung öffentlich-rechtlicher und effizienzsteigernder Rahmenbedingungen zu managen sind und welche Handlungsfelder sich für privatwirtschaftliche Kooperationen mit Beteiligung mittelständischer Bauunternehmen anbieten, ist Schwerpunkt der Untersuchung.

1.2 Definitionen und Abgrenzungen

Eine Zusammenarbeit der öffentlichen Hand und des privaten Sektors gibt es in Deutschland seit langer Zeit. Projekte wurden schon im 19. Jahrhundert z.B. im Städtebau und der Stadtentwickung oder im Bereich der kommunalen Ver- und Entsorgung durchgeführt. Zentrales Merkmal dieser Public Private Partnership ist nach Budäus und Grünning[2] eine Interaktion zwischen öffentlicher Hand und Akteuren aus dem privaten Sektor, die komplementäre Ziele verfolgen und durch die Zusammenarbeit Synergiepotenziale erschließen. Die Zusammenarbeit zwischen den Akteuren ist dabei vertraglich formalisiert.

Ein weiteres Merkmal von PPP ist nach Christen[3] die Optimierung der Gesamtnutzungskosten durch einen möglicht ganzheitlichen lebenszyklusbezogenen Ansatz, wobei die integrierte Realisierung von Planungs-, Bau-, Finanzierungs-, Betreiber- und Verwerterleistungen durch den privaten Sektor nach einer übergreifenden Ausschreibung in unterschiedlicher Ausprägung und in unterschiedlicher Rechtsform vereinbart werden kann. Im Rahmen der Untersuchung wird dementsprechend unter der Privatisierung öffentlicher Aufgaben im Kern die privatwirtschaftliche Realisierung öffentlicher Aufgaben verstanden, bei der im Rahmen einer umfassenden Ausschreibung Bauaufgaben einschließlich vor- und nachgelagerter Aufgaben, wie z.B. die Aufgaben der Planung, des Baus, der Finanzierung und des Betriebs, in ihrer Gesamtheit in den Wettbewerb gestellt werden.

Kooperationen werden in der Literatur als eine freiwillige Zusammenarbeit rechtlich und in den nicht-kooperativen Bereichen auch wirtschaftlich unabhängiger Partner, die in Teilbereichen Aufgaben gemeinsam durchführen, um ihr Ziel besser zu erreichen als bei individuellem Vorgehen[4], definiert. Kooperationsansätze sind in der Bauwirtschaft vielfältig vor-

---

[2] Budäus, Dietrich; Grünning, Gernod: Public Private Partnership – Konzeption und Probleme eines Instruments zur Verwaltungsreform aus Sicht der Public Choise Theorie. Hamburg, 1996.

[3] Christen, Jörg: Die Terminologie von PPP/PFI. In: Deutsches Architektenblatt, Ausgabe 9/02, S. 15.

[4] Schuppert, Gunnar F.: Grundzüge eines zu entwickelnden Verwaltungskooperationsrecht. Gutachten im Auftrag des Bundesministeriums des Innern, Berlin, 2001.

handen. Die große Zahl von Beschreibungen der Kooperationsformen und -arten unterstreicht diese Vielfalt. Wenn man unterschiedliche Formen oder Typen von PPP unterscheiden will, müssen Differenzierungskriterien festgelegt werden, die einer solchen Typenbildung unterlegt werden sollen. Roggencamp[5] schlägt vor, den Formenreichtum von PPP anhand der Zusammensetzung der Beteiligten, also nach Art und Herkunft der Kooperationsakteure, den Gegenstandsbereichen von PPP, also den wichtigsten Handlungsfeldern, in denen PPP praktiziert wird, und nach dem Formalisierungsgrad der Kooperation, also danach, ob die Kooperation eher informell, vertraglich bzw. privatrechtlich oder gesellschaftsrechtlich determiniert ist, zu ordnen. Diese Typisierung für die Ebene der Kooperation zwischen öffentlicher Hand und privatem Sektor kann bezüglich der formalen Institutionalisierung problemlos auf die Ebene der Kooperation der privaten Seite übertragen werden. Auf dieser Ebene kann also ebenso zwischen informellen Kooperationen, z.B. in Form von informellen Netzwerken für die Phasen der Markterkundung und -erschließung, zwischen privatrechtlich determinierter Zusammenarbeit, also der vertraglichen Bindung ohne Gründung einer gemeinsamen Gesellschaft, sowie zwischen der gesellschaftsrechtlich determinierten Zusammenarbeit, also z.B. den gebräuchlichen Formen der Projektgesellschaft, unterschieden werden.

Für den Begriff Mittelstand – auch als „KMU“ (kleine und mittelständische Unternehmen) oder „SME“ (small and medium sized enterprises) bezeichnet – gibt es keine gesetzliche oder allgemein gültige Definition. Da jedoch kaum ein Schlagwort in der Wirtschaftspolitik so häufig verwendet wird, ist es wichtig, die jeweils zu Grunde liegende Abgrenzung zu hinterfragen. Das Institut für Mittelstandsforschung verwendet folgende Definition für den Mittelstand:

Zum Mittelstand gehören alle Selbstständigen in den freien Berufen, Handwerksbetriebe und alle gewerblichen Betriebe, die folgende Kriterien erfüllen

- weniger als 500 Beschäftigte
- Jahresumsatz unter 50 Mio. EUR

[5] Roggencamp, Sybille: Public Private Partnership – Entstehung und Funktionsweise kooperativer Arrangements zwischen öffentlichem Sektor und Privatwirtschaft. Frankfurt, 1999.

Die Europäische Union (EU-Kommission) definiert kleine und mittlere Unternehmen wie folgt:

- weniger als 250 Beschäftigte
- Jahresumsatz höchstens 40 Mio. EUR
- Jahresbilanzsumme höchstens 27 Mio. EUR
- Das Unternehmen darf keiner Gruppe verbundener Unternehmen angehören bzw. nur einer Gruppe verbundener Unternehmen angehören, die die vorgenannten Voraussetzungen erfüllt.

Im Fokus unserer Untersuchung standen mittelständische Unternehmen des Baugewerbes und der Bauindustrie mit einer Umsatzgröße von 5 bis 50 Mio. EUR sowie einer Mitarbeiterzahl von 30 bis 300. Diese quantitative Abgrenzung bezüglich der Umsatzgröße sowie der Mitarbeiterzahl ist allerdings nur als Anhaltswert zu verstehen und kann für einzelne Handlungsfelder PPP durchaus nach oben oder unten geöffnet werden. Im Bereich des Handlungsfeldes privatwirtschaftlicher Realisierung sozialer Infrastruktur, wie z.B. bei Sanierungsmaßnahmen an Schulen, können durchaus KMU mit einer Mitarbeiterzahl unter 20 zum Einsatz kommen und sich verantwortlich in Unternehmenskooperationen für PPP einbinden. Dies kann je nach Marktfeld auch für spezialisierte kleinere Unternehmen gelten. Ebenso können im Handlungsfeld Verkehr durchaus KMU mit einer Mitarbeiterzahl größer 300 beteiligt werden.

Als kritische Projektgrößen wurden bei unseren Recherchen Bauinvestitionen in Höhe von 10 bis 15 Mio. EUR genannt. Kritische Mindestgrößen kann es auch für das Betreibervolumen geben, z.B. wegen größerer Beschaffungsvolumina bzw. besserer Geräte- und Maschinenauslastung. Bei Projekten, die diese kritische Größe unterschreiten, besteht die Gefahr, dass auf Grund der Transaktionskosten notwendige Effizienzsteigerungen nicht in ausreichender Höhe zu erreichen sind. Dieser Wert kann ebenfalls nur als Anhaltswert verstanden werden. Eine genaue Prüfung muss immer am Einzelprojekt erfolgen. Durch eine Standardisierung der vertraglichen Regelungen und Abläufe bei der privatwirtschaftlichen Realisierung könnten auch bei kleineren Maßnahmen und Einzelprojekten – gebündelt innerhalb eines Aufgaben-/Geschäftsfeldes – notwendige Effizienzgewinne erreicht werden.

1.3 Ziele, Methodik und Vorgehensweise

Ziel des Vorhabens ist es, die Möglichkeiten von und die Anforderungen an Kooperationen mit Beteiligung mittelständischer Bauunternehmen bei der privaten Realisierung öffentlicher Aufgaben aufzuzeigen. Ziel der Untersuchung ist es ferner, zugehörige Handlungsfelder zu identifizieren und exemplarisch darzustellen.

Die im Projektverlauf sichtbar gewordenen Hemmnisse für eine privatwirtschaftliche Realisierung öffentlicher Aufgaben und Leistungen wurden zusammenfassend dargestellt. Soweit möglich, wurden Lösungen und Handlungsempfehlungen für die betroffenen Gruppen vorgeschlagen.

Als wichtige Vorausetzungen zur privatwirtschaftlichen Realisierung wurden öffentlich-rechtliche und effizienzsteigende Rahmenbedingungen anhand einer Kriterienliste analysiert und dokumentiert.

Zur Formulierung der Möglichkeiten von und der Anforderungen an Kooperationen und zur Ableitung der Sinnhaftigkeit sowie Stabilität von Kooperationen wurden als theoretische Grundlagen volkswirtschaftlich, mikroökonomisch orientierte und betriebswirtschaftlich, managementorientierte Theorieansätze, insbesondere die Neue Institutionenökonomik mit dem Transaktionskostenansatz und mit der Principal-Agent-Theorie sowie der marktorientierte und der ressourcenorientierte Strategieansatz genutzt.

Die Informationen zur Identifizierung und Darstellung von Handlungsfeldern als mögliche neue Marktfelder für mittelständische Bauunternehmen wurden auf der ersten Stufe durch Informationsgespräche mit Beteiligten sowie durch Literatur- und Internetrecherchen und andere Sekundärauswertungen von verfügbaren Informationen wie z.B. Auswertung von Aufgabengliederungsplänen (z.B. der KGSt), Organisations- und Haushaltsplänen von Bund, Ländern und Gemeinden oder Auswertung von wirtschafts- und finanzstatistischen Daten gewonnen. In der zweiten Stufe wurden auf der Basis von Erfahrungen bereits realisierter Vorhaben zur Privatisierung öffentlicher Aufgaben in Deutschland und Europa Erfolg versprechende Aufgaben ausgewählt und exemplarisch dargestellt. Es wurden dabei zunächst öffentliche baunahe Aufgaben der Kommunen, der Länder und des Bundes und sonstiger öffentlicher Einrichtungen bezüglich ihrer Eignung auf Übernahme durch die private Bauwirtschaft in Verbindung mit geeigneten Kooperationspartnern erkundet. Neben rechtlichen Kriterien wurde der Zugang zu diesen Handlungsfeldern durch inhaltliche Kriterien eingegrenzt. Zunächst mussten die in Betracht gezogenen Aufgaben baunah sein. Im Weiteren mussten die Aufgaben auch von ihrem Volumen her durch Kooperationen mit mittelständischen Bauunternehmen bewältigt werden können. Die Frage nach den Aufgaben, die sich auf Grund einer Aufgabenkritik aus Sicht der Träger öffentlicher Verwaltung für eine (Teil-) Privatisierung eignen, ist von interessierten Firmen durch die Frage zu ergänzen, welche Aufgaben aus der Sicht der Unternehmen für eine völlige oder teilweise Übernahme lukrativ sein könnten, d.h., inwieweit die Realisierung von Effizienzgewinnen zu erwarten ist. Die Aufgaben und ihre Eignung sind von beiden Seiten zu betrachten (siehe Einleitung zu *Kapitel 9*).

Das Projektergebnis soll primär die Vorbereitung bzw. Entscheidung über weitere Umsetzungsmaßnahmen z.B. durch Publikationen, Leitfäden für Unternehmen, Öffentlichkeitsarbeit und Verbesserungen der Rahmenbedingungen durch das BMWA und, falls gewünscht, durch weitere öffentliche Institutionen, die Verbände der Bauwirtschaft sowie sonstige Träger unterstützen.

1.4 Theoretische Grundlagen zu Kooperationen[6]

Zur Erklärung des komplexen Gebildes Kooperation existieren unterschiedliche Theorieansätze. Dabei ist grob zwischen volkswirtschaftlich, mikroökonomisch orientierten und betriebswirtschaftlich, managementorientierten Theorieansätzen zu differenzieren. Bei der Darstellung der einzelnen Theorien wird sich nachfolgend auf den Transaktionskostenansatz und die Principal-Agent-Theorie sowie den marktorientierten und den ressourcenorientierten Strategieansatz konzentriert, weil diese Ansätze für die weitere Behandlung der Themenstellung von Bedeutung sind.

1.4.1 Volkswirtschaftlich, mikroökonomisch orientierte Theorieansätze

Bei den volkswirtschaftlich orientierten Theorieansätzen wird zwischen den Ansätzen der Neuen Institutionenökonomik (Transaktionskostenansatz und Principal-Agent-Theorie) sowie industrieökonomischen und spieltheoretischen Ansätzen unterschieden.

Die Neue Institutionenökonomik befasst sich mit Institutionen, deren Entstehung, Funktion und zeitlichem Wandel. Die Grundlage für die Theorieansätze bildet oftmals die Neoklassik, jedoch erweitert und modifiziert um neue bzw. veränderte Annahmen. Ein Beispiel für eine neue Annahme ist die Einbeziehung von Transaktions- und nicht nur Produktionskosten. Innerhalb der Neuen Institutionenökonomik haben sich verschiedene Forschungszweige mit unterschiedlichen Betrachtungsweisen herausgebildet wie beispielsweise Transaktionskostentheorie und Principal-Agent-Theorie.

---

[6] Hauptquelle: Greve, Rolf: Kooperationen und Genossenschaft – Organisationsstrukturen in kooperativen Netzwerken. Aufsatz (Institut für Genossenschaftswesen der Westfälischen Wilhelms Universtität Münster), 2001-2002.

In der *Transaktionskostenökonomik* werden institutionelle Gestaltungsalternativen zur Abwicklung wirtschaftlicher Transaktionen auf ihre Effizienz hin untersucht. Zentrale Untersuchungseinheit der Transaktionskostentheorie bildet die Transaktion, definiert als „vertraglich vereinbarter Übergang von Verfügungsrechten"[7] oder als „Transfer eines Gutes oder einer Dienstleistung über eine technologisch separierbare Schnittstelle"[8]. Als Transaktionskosten bezeichnet man „die dabei anfallenden Kosten der Absicherung eines Leistungsaustausches gegen opportunistisches Verhalten der Geschäftspartner"[9]. Sie umfassen die mit dem Leistungsaustausch zusammenhängenden Nachteile, z.B. auch die aufgewandte Zeit und Mühe[10] für

- Anbahnung
- Vereinbarung
- Abwicklung
- Kontrolle und
- Anpassung.

Wichtige Kosteneinflussgrößen der Transaktionskostentheorie sind die Komplexität der Aufgabe, die Spezifität des Transaktionsobjektes, die Häufigkeit der Transaktion, die Anzahl der Tauschpartner und die Informationsverdichtung. Wichtiger Vertreter der Transaktionskostentheorie ist Williamson.

Die Transaktionskostentheorie steht in engem Zusammenhang zur Principal-Agent-Theorie. Die Transaktionskostentheorie beschäftigt sich mit den Leistungsbeziehungen zwischen ökonomischen Akteuren im Allgemeinen; bei der Principal-Agent-Theorie werden sie spezifischer als Beziehungen zwischen Auftraggeber (Principal) und Auftragnehmer (Agent) betrachtet.[11] Dabei werden alternative vertragliche Vereinbarungen zwischen Principal und Agent unter bestimmten Annahmen analysiert. Die asymmetrische Informationsverteilung zwischen beiden Vertragsparteien – es wird von einem Informationsvorteil des Agenten ausgegangen – führt zu Anreizproblemen. Es können drei Typen einer asymmetrischen Informationsverteilung unterschieden werden:[12]

---

[7] Ebd., S. 7.
[8] Ebd., S. 7.
[9] Ebd., S. 7.
[10] Picot, Arnold; Dietl, Helmut; Franck, Egon: Organisation – Eine ökonomische Perspektive, Stuttgart, 2. Aufl. 1999, S. 67.
[11] Ebd., S. 85.
[12] Ebd., S. 88 f., S. 90 ff.

- *hidden characteristics*: Der Principal kennt vor Vertragsabschluss nicht sämtliche (unveränderliche) Eigenschaften des Agenten oder dessen angebotener Leistung. Es besteht für den Principal die Gefahr der *adverse selection* (Auswahl unerwünschter Vertragspartner), wenn Agenten mit schlechten Eigenschaften diese gezielt verheimlichen und Agenten mit guten Eigenschaften diese nicht zeigen können. Die mit der adversen Selektion verbundene Informationsasymmetrie vor Vertragsabschluss kann beispielsweise mit Hilfe von *signalling*, *screening* und *self selection* verringert werden.

- *hidden action* und *hidden information*: Im Fall von hidden action ist der Principal ex post nicht in der Lage, die Handlungen des Agenten zu beobachten. Bei hidden information ist der Principal zwar zur Beobachtung der Handlungen des Agenten in der Lage, er kann sie aber nicht beurteilen. In beiden Fällen besteht die Gefahr des opportunistischen Ausnutzens des Informationsvorteils des Agenten zulasten des Principal (*moral hazard*). Die Informationsasymmetrie kann zum Beispiel durch Monitoring-Aktivitäten des Principal abgebaut werden.

- *hidden intention*: In diesem Fall ist das opportunistische Verhalten des Agenten für den Principal zwar offen erkennbar, aber nicht verhinderbar. Da der Principal die Absichten des Agenten ex ante nicht kennt, kann er, insbesondere wenn er irreversible Investitionen vorgenommen hat, aufgrund fehlender Sanktionsmöglichkeiten in ein Abhängigkeitsverhältnis geraten, das der Agent zum Nachteil des Principal ausnutzen kann (dann spricht man von *hold up*).

	Transaktionskostentheorie	**Principal-Agent-Theorie**
Untersuchungsgegenstand	Transaktionsbeziehungen	Principal-Agent-Beziehungen
Untersuchungseinheit	Transaktion	Individuum
Effizienzkriterium	Transaktionskosten	Agency-Kosten Signalisierungskosten des Agent Kontrollkosten des Principal verbleibender Wohlfahrtsverlust
Verhaltensannahmen	beschränkte Rationalität individuelle Nutzenmaximierung Opportunismus	beschränkte Rationalität individuelle Nutzenmaximierung Opportunismus Risikoneigung der beteiligten Akteure
Gestaltungsvariable	institutionelle Arrangements	Verträge

Tabelle 1: Transaktionskosten- und Principal-Agent-Theorie im Vergleich[13]

[13] Ebd., S. 131.

Die *industrieökonomischen Ansätze* untersuchen, „ob das bei der Herstellung von Gütern und Dienstleistungen erzielte Ergebnis für die gesellschaftliche Wohlfahrt zufriedenstellend ist".[14] Kooperationen werden vor allem in der älteren Literatur als wettbewerbsbeschränkend betrachtet. Es gibt aber auch Vertreter wie beispielsweise Tirole, die Kooperationen unter bestimmten Voraussetzungen als wohlfahrtssteigernd ansehen (z.B. FuE-Kooperation).

Die *Spieltheorie* geht der Frage nach, unter welchen Bedingungen der Zusammenschluss zu einer Kooperation vorteilhafter ist als ein Konkurrenzverhalten. Ein Beispiel für einen derartigen Ansatz ist das Gefangenendilemma. Im Ergebnis wurde von Axelrod als einem der bekanntesten Vertreter festgestellt, dass die Strategie „Tit for Tat" (Wie Du mir, so ich Dir) bei häufiger auftretenden Gefangenendilemmasituationen diejenige ist, die am ehesten die Stabilität einer Kooperation gewährleisten kann. Eine Orientierung am Gesamtoptimum sichert die Effizienz einer Kooperation, das Anstreben eines individuellenTeilmaximums gefährdet diese (siehe auch *Kapitel 6.1.3)*.

1.4.2 Betriebswirtschaftlich, managementorientierte Theorieansätze

Im Bereich der betriebswirtschaftlich, managementorientierten Theorieansätze sind zur Erklärung von Kooperationen insbesondere die Ansätze aus dem Bereich des strategischen Management und der Organisationstheorie von Bedeutung. Der überwiegende Teil dieser Ansätze geht davon aus, dass Unternehmen Kooperationen bilden, um dadurch strategische Wettbewerbsvorteile gegenüber der Konkurrenz zu erzielen. Die Literatur zu diesem Bereich lässt sich in zwei Strömungen untergliedern. Die erste konzentriert sich insbesondere auf die externen Umfeldfaktoren einer Kooperation (z.B. Unternehmensstrategie, unternehmensexterne (Wettbewerbs-)Bedingungen). Die zweite Strömung betont vor allem unternehmensinterne, partner- und kooperationsspezifische Faktoren (z.B. Wahl der richtigen Kooperationspartner).

Die *marktorientierten Strategieansätze* („market-based view") zielen vordergründig auf die externen Umfeldfaktoren (insbesondere Wettbewerbsumfeld) von Unternehmen ab. Das Hauptaugenmerk wird auf die Fragestellung gelegt, warum einige Unternehmen in einem gegebenen Wettbewerbsumfeld dauerhaft erfolgreich sind und andere nicht (Frage nach den unternehmensexternen Erfolgsfaktoren). Porter als Hauptvertreter geht zunächst von der Analyse der fünf Wettbewerbskräfte in einer Branche (Bedrohung durch potentielle Konkurrenten, Bedrohung durch Ersatzprodukte und -dienste, Verhandlungsstärke von Abnehmern und Lieferanten, Rivalität unter den bestehenden Wettbewerbern, sog. „Five-Forces-Model")

[14] Greve, a.a.O, S. 9.

und der Unternehmensanalyse als detaillierter Analyse der Wertkette eines Unternehmens („value chain") aus. Den Abschluss der strategischen Analysen bildet bei ihm die Entscheidung zwischen drei grundlegenden Strategien (Kostenführerschaft, Differenzierung, Schwerpunktbildung bzw. Nische, sog. „generic strategies").[15]

Für Porter bildet die Kooperation eine Alternative zur Verbesserung der Wettbewerbsposition der an der Kooperation beteiligten Unternehmen. In diesem Zusammenhang werden folgende Vorteile genannt:

- Erzielung von Skalenvorteilen und Lerneffekte
- Zugriff auf Technologie und Know-how
- Verringerung des unternehmerischen Risikos
- Einflussnahme auf die Wettbewerbsstruktur.[16]

Auf der anderen Seite verursachen Kooperationsstrategien auch Kosten:

- Koordinationskosten und Adsorption von Managementkapazität
- partielle Verschlechterung der eigenen Wettbewerbsposition (z.B. durch unbeabsichtigten Informationstransfer)
- Entstehung einer ungünstigen Verhandlungsposition.[17]

Schwerpunkt des *ressourcenorientierten Srategieansatzes (resource-based view)* bilden die unternehmensinternen Faktoren, speziell die firmenspezifischen, Erfolgspotenzial generierenden Produktionsfaktoren. Gedanklich liegt die Theorie zugrunde, dass Wettbewerbsvorteile von Unternehmen auf bestimmte, unternehmensindividuelle Ressourcen (z.B. Fähigkeiten, Wissen, Management) zurückzuführen sind. Unternehmenserfolg wird daher mit der Existenz einzigartiger Ressourcen zu erklären versucht. In der Literatur werden die nachfolgend aufgeführten Kriterien zur Feststellung der spezifischen Ressourcen eines Unternehmens aufgeführt:

- Nicht-Imitierbarkeit einer Ressource
- Nicht-Substituierbarkeit einer Ressource
- Spezifität
- Erzeugung eines Kundennutzens.[18]

---

[15] Eschenbach, Rolf; Kunesch, Hermann: Strategische Konzepte – Management-Ansätze von Ansoff bis Ulrich. Stuttgart, 1993, S. 151-159.
[16] Greve, a.a.O., S. 11.
[17] Ebd., S. 11.
[18] Ebd., S. 12.

Im Hinblick auf die Erklärung von Kooperationen erfolgt häufig eine Verknüpfung von ressourcenorientiertem Strategieansatz und Kernkompetenz- sowie Transaktionskostenansatz.

Der *Kernkompetenzansatz* stellt eine Verknüpfung zwischen den externen Umfeldfaktoren und den internen Unternehmensfaktoren zur Erklärung von Kooperationen her. Kernkompetenzen können als einzigartige Ressourcenbündel angesehen werden, die zur Schaffung von Wettbewerbsvorteilen geeignet sind. Mit Hilfe von Kooperationen können die beteiligten Partner eigene Kompetenzlücken schließen oder Kompetenzpotenziale aufspüren und ausbauen.[19]

[19] Vgl. Hinterhuber, Hans H.; Stuhec, Ulrich: Kernkompetenzen und strategisches In-/Outsourcing. In: Zeitschrift für Betriebswirtschaft, 67. Jg., 1997, Ergänzungsheft 1, S. 1-20.

2 Öffentlich-rechtliche Rahmenbedingungen

Vorschriften des aktuell geltenden Rechts können einer Privatisierung öffentlicher Aufgaben entgegenstehen oder sie erschweren. Dies betrifft insbesondere die Normen des öffentlichen Rechts, die eine Tätigkeit zu einer öffentlich-rechtlichen Aufgabe machen, die nach bestimmten Regeln durch Träger öffentlicher Verwaltung zu erfüllen ist. Im Rahmen der Markterkundung und -erschließung von neuen Geschäftsfeldern in diesem Bereich ist deshalb die Kenntnis der öffentlich-rechtlichen Rahmenbedingungen für mittelständische Bauunternehmen von Bedeutung. Im Folgenden sollen deshalb kurz die öffentlich-rechtlichen Bedingungen und Folgen der Privatisierung öffentlicher Aufgaben beschrieben werden. Dazu ist zunächst der Begriff der öffentlichen Aufgabe zu operationalisieren. Man kann ihn formell oder materiell verstehen. Nach formeller Betrachtung fallen darunter alle Tätigkeiten, die durch öffentliche Stellen wahrgenommen werden. Entscheidend ist daher die Trägerschaft durch Bund, Länder und Gemeinden. Nach materieller Betrachtung zählen alle Tätigkeiten zu den öffentlichen Aufgaben, deren sachliche Erledigung durch Verfassung und Gesetze als staatliches Handeln ausgestaltet ist. Der formelle Begriff ist ersichtlich weiter. Er eignet sich daher besser, um einen ersten Überblick über das gesamte in Frage kommende Tätigkeitsspektrum zu erhalten. Der materiell-rechtliche Zugang schärft dagegen den Blick auf die inhaltlichen Probleme, die bei einer Privatisierung bewältigt werden müssen. Hier gilt es zu klären, ob und welche öffentlichen Aufgaben grundsätzlich privatisierungsresistent sind oder nur mit erheblichen politischen Kosten einer Privatisierung durch Gesetz für private Unternehmen erschlossen werden können.

Staatliches Handeln umfasst funktionell Gesetzgebung, Verwaltung und Rechtsprechung. Es ist offenkundig, dass für eine materielle Aufgabenprivatisierung Gesetzgebung und Rechtsprechung allenfalls am Rande in Frage kommen. Etwas anderes gilt für den Funktionsbereich der öffentlichen Verwaltung. Auf ihn konzentrieren sich die nachfolgenden Darstellungen. Allerdings reicht das Tätigkeitsfeld der öffentlichen Verwaltung von der polizeilichen Gefahrenabwehr bis hin zum Betrieb von kulturellen Einrichtungen. Es ist daher definitorisch nur schwer eingrenzbar. Zudem sind die Gegenstandsbereiche der öffentlichen Verwaltung in hohem Maße verrechtlicht. Dies entspringt dem verfassungsrechtlichen Prinzip des Rechtsstaates und des Grundrechtsschutzes. Daher stellt sich zunächst die Frage, welche Aufgaben, die von der öffentlichen Verwaltung bisher wahrgenommen werden, an private Erwerbsinteressenten dem Grunde nach überhaupt abgegeben werden können und welche rechtlichen Voraussetzungen dafür geschaffen werden müssten.

Für öffentliche Aufgaben gibt es mehrere Klassifikationsansätze. Exemplarisch können die Funktionen der öffentlichen Verwaltung unterteilt werden in: ordnende, leistende, planende, bewahrende, wirtschaftende und bedarfsverwaltende Funktionen.

2.1 Öffentlich-rechtliche Klassifikation der Privatisierung öffentlicher Aufgaben

Die Privatisierung öffentlicher Aufgaben war in den letzten zwei Jahrzehnten ein Schwerpunkt der staats- und verwaltungsrechtlichen Diskussion und ist doch gleichfalls ein interpretationsbedürftiger Begriff geblieben. Im weitesten Sinne wird unter Privatisierung der Aufgabentransfer von öffentlicher Hand in den Raum privatwirtschaftlicher Betätigung verstanden[20]. Üblicherweise wird zwischen formeller Privatisierung (Organisationsprivatisierung), materieller Privatisierung (Aufgabenprivatisierung) und funktionaler Privatisierung (Teilprivatisierung) unterschieden. Dabei erstreckt sich die funktionelle Privatisierung im Wesentlichen nur auf Teilbereiche der Aufgabenerfüllung, während die Aufgabenverantwortung weiterhin bei der öffentlichen Verwaltung verbleibt.

2.1.1 Formelle Privatisierung (Organisationsprivatisierung)

Die formelle Privatisierung konzentriert sich auf die Änderung der Organisationsform. Geändert wird die Rechtsform der Institution, die eine öffentliche Aufgabe wahrnimmt. Der Träger öffentlicher Verwaltung gründet eine privatrechtlich organisierte Organisation, wie etwa eine GmbH. Durch diese Wahl einer privatrechtlichen Organisation zur Erfüllung einer Aufgabe, die nach wie vor als „öffentlich" qualifiziert wird, verändert sich das Begegnungsmuster zwischen der öffentlichen Verwaltung und dem Bürger. Die Verwaltung kann nicht mehr hoheitlich tätig werden. Das Verhältnis zwischen Verwaltung und Bürger wird grundsätzlich auf eine privatrechtliche Basis gestellt, in der allerdings die Grundrechte besonders zu beachten sind (sog. Verwaltungsprivatrecht). Eine formelle Privatisierung entlastet den Staat von einigen lästigen öffentlich-rechtlichen Restriktionen, ohne dass er die Wahrnehmung der Aufgabe selbst aufgeben müsste. Die Verwaltung kann mit der Wahl von privatrechtlichen Organisationsformen wie der GmbH zu flexibleren Formen der Erfüllung von Aufgaben wechseln, die nicht zwingend mit hoheitlichen Maßnahmen verbunden sind. Privatrechtlich organisierte Träger öffentlicher Aufgaben unterliegen nicht den Bindungen des Haushaltsrechts, sie sind in der Rechnungsführung und der Bilanzierung der privaten Wirtschaft angeglichen und können ihr Führungspersonal nach entsprechenden Grundsätzen rekrutieren und besolden, sie bleiben aber im Verhältnis zum Bürger den öffentlich-rechtlichen Bindungen, insbesondere dem Grundrechtsschutz, verpflichtet. Die formelle Privati-

[20] Roggencamp, a.a.O.

sierung stellt daher für die öffentliche Verwaltung eine strategische Alternative zur völligen Aufgabenprivatisierung dar.

2.1.2 Materielle Privatisierung (Aufgabenprivatisierung)

Mit der materiellen Privatisierung verzichtet der Staat dagegen grundsätzlich auf die unmittelbare Wahrnehmung einer vormals als „öffentlich" qualifizierten Aufgabe durch eine Behörde oder eine von ihm beherrschte Organisation privaten Rechts. Er überlässt dieses Tätigkeitsfeld der Leistungserbringung durch private Unternehmen auf der Grundlage von Angebot und Nachfrage und öffnet es damit zugleich auch dem Wettbewerb. Mit einer Aufgabenprivatisierung sind allerdings regelmäßig öffentlich-rechtliche Anschlussprobleme verbunden, die bewältigt werden müssen. Staatlich erbrachte Leistungen sind in der Regel hoch regulierte Aufgabenfelder. Eine Privatisierung ist dabei auf eine schlichte Privatisierungsgesetzgebung, die eine Aufgabe aus ihrer öffentlich-rechtlichen Bindung entlässt, nicht beschränkbar. Eine Privatisierung verlangt daher regelmäßig auch eine Reorganisation der Markt- und Marktzugangsbedingungen. Leistungsmonopole müssen gebrochen, öffentlich verordnete Tarifsysteme, Kontrahierungs- und Benutzungsregeln müssen modifiziert werden. Es geht hier entweder um die Gestaltung eines Rechtsrahmens, der eine rein marktwirtschaftlich orientierte Erfüllung privater Dienstleistungen gewährleistet, oder um die Entwicklung eines rechtlichen Arrangements von unternehmerischer Verantwortung und öffentlicher Gewährleistung von Aufgaben, die einen erheblichen Gemeinwohlbezug aufweisen und daher nicht völlig den Kräften des Marktes anheim gegeben werden sollen. Besonders aufwendig ist es, den Rechtsrahmen für die Delegation von Aufgaben der Ordnungsverwaltung auf Private zu organisieren. Hier sind nicht nur die Legitimationsgrundlagen für deren quasi-hoheitliches Einschreiten zu klären (z.B. im Wege der Beleihung), sondern auch die Entgeltbedingungen (z.B. Tarifordnung). Ohne eine funktionsgerechte Re-Regulierung des Marktes für privatisierte öffentliche Aufgaben kann daher das gesamte Projekt einer nachhaltigen Aufgabenprivatisierung zum Scheitern verurteilt sein. Hier liegen die politischen und rechtlichen Folgekosten einer Privatisierung öffentlicher Aufgaben. Es ist unschwer einzusehen, dass sich hierin der Schwerpunkt der öffentlich-rechtlichen Probleme fokussieren wird. Die Problematik der Re-Regulierung steigt mit der Affinität der delegierten Aufgabe zu Formen hoheitlich vermittelter Aufgabenerfüllung und Finanzierung. Sie schwindet, je mehr sich die Privatisierung auf verwaltungsinterne Vorgänge beschränkt. Auch insoweit deuten sich deutliche Vorteile für die Strategie der Teilprivatisierung an.

2.1.3 Funktionale Privatisierung (Teilprivatisierung)

Bei der funktionalen Privatisierung geht es um die Beauftragung privater Unternehmen zur Erfüllung von öffentlichen Teilaufgaben, die insbesondere die Funktion in der operationalen Dimension betreffen. Teilaufgaben werden auf private Unternehmen übertragen, ohne dass die Gewährleistungsverantwortung der öffentlichen Verwaltung für das „Endprodukt" tangiert wird. Diese Strategie einer funktionell differenzierten Privatisierung ist den Konzepten rationaler Unternehmensführung in der Marktwirtschaft entlehnt. Auch hier lagern Unternehmen im Rahmen eines „lean-managements" Leistungen aus und beauftragen damit Dritte. Durch Entschlankung und Spezialisierung ergeben sich für beide Kostenvorteile. Entsprechend kann durch ein geschicktes Auslagern von Teilaufgaben der Herstellungsprozess öffentlicher Dienstleistungen so arrangiert werden, dass Private einen erheblichen Beitrag dazu erbringen, Kosten gespart sowie Leistungen verbessert werden, im Verhältnis zum Bürger jedoch der Charakter einer von der öffentlichen Verwaltung verantworteten Leistung gewahrt bleibt. Die grundsätzliche Gewährleistungsverantwortung der Verwaltung für die öffentliche Aufgabe bleibt auch nach der funktionalen Privatisierung unberührt. Die Teilprivatisierung hat seit langem viele Bereiche der öffentlichen Verwaltung erfasst. Dabei kann unterschieden werden in die Privatisierung der Organisation bzw. die Durchführung der Aufgabenwahrnehmung, wie es beispielsweise im Rahmen des Contracting-out geschieht, in die Privatisierung der Finanzierung sowie schließlich in die Privatisierung von Organisation bzw. Durchführung und Finanzierung der Aufgabenwahrnehmung wie z.B. beim sogenannten Betreibermodell.

2.2 Öffentlich-rechtliche Privatisierungseignung

Als rechtliche Zuweisungsgrundlage für die Wahrnehmung öffentlicher Aufgaben durch die öffentliche Verwaltung kommen die drei in ihrer rechtlichen Bedeutung unterschiedlichen Normierungsebenen Verfassung – Gesetze – untergesetzliche Normen in Betracht. Die Änderung von Verfassung, Gesetzen und Verordnungen stellt auf der Ebene von Bund, Ländern und Gemeinden unterschiedlich hohe Anforderungen.

rechtliche Privatisierungs-Hürden	Verfassung	Gesetz	freiwillige Selbstverwaltung	interne Dienste/ Vermögen
Bund	sehr hoch	hoch		niedrig
Länder	sehr hoch	hoch		niedrig
Gemeinden		hoch	niedrig	niedrig

Tabelle 2: Rechtliche Privatisierungshürden

Diese Klassifizierung bezieht sich ausschließlich auf die rechtlichen Hürden, die bei einer Privatisierung öffentlicher Aufgaben im Stadium der Entlassung aus den öffentlichen Bindungen zu überwinden sind. Sie betrachtet nicht die sich daran anschließende rechtspolitische Folgenbewältigung einer Privatisierung, für die gegebenenfalls umfangreiche Folgemaßnahmen zur Re-Regulierung des neu entstandenen privaten Tätigkeitsfelds erforderlich werden. Sie lässt im Weiteren auch die arbeitsrechtlichen Konsequenzen einer Aufgabenprivatisierung für die davon betroffenen Beschäftigungsverhältnisse des öffentlichen Dienstes außer Betracht. Dass in der Regel einer Aufgabenprivatisierung nicht nur rechtliche Hürden entgegenstehen können, sondern auch vehemente politische Widerstände entgegengesetzt werden, sei hier nur angemerkt. Ferner sei darauf hingewiesen, dass in vielen Gemeindeordnungen der Länder die wirtschaftliche Betätigung der Kommunen durch das Subsidiaritätsprinzip begrenzt wird, was einer privatwirtschaftlichen Realisierung förderlich ist.

Schließlich erscheint es aus heuristischen Gründen nützlich, eine zweite Zuordnungsebene für die Privatisierung von Aufgaben der öffentlichen Verwaltung einzubeziehen. Sie zielt nicht auf die Privatisierungshürden, sondern vielmehr auf eine sachliche Grobkategorisierung der privatisierungsfähigen öffentlichen Aufgaben. Gefragt wird daher, welche Aufgaben sich für eine marktaffine Wahrnehmung durch private Unternehmen auf der Grundlage von Vertragsfreiheit und Wettbewerb eignen. Die Verwaltungswissenschaft arbeitet traditionellerweise mit einem funktionalen Begriff der Verwaltung. Sie differenziert in Eingriffs- und Leistungsverwaltung und ergänzt diese beiden Grundkategorien durch die Begriffe Daseinsvorsorge und Infrastrukturverwaltung. Aufgrund dieser funktionalen Differenzierung lässt sich ein grobes Präferenzraster für die Einschätzung der Privatisierungseignung öffentlicher Aufgaben entwickeln. Eine durchgreifende Aufgabenprivatisierung im Bereich der Ergriffsverwaltung ist letztlich immer mit dem Problem des staatlichen Gewaltmonopols und des grundrechtlich verbürgten Schutzes individueller Rechte konfrontiert. Im Bereich der Leistungsverwaltung dürfte kein privates Unternehmen daran interessiert sein, öffentliche Aufgaben, die auf die entgeltlose Überbringung von Leistungen gerichtet sind, als eigene Aufgaben zu übernehmen. Von der Sozialhilfe bis zu den öffentlichen Subventionen der Wirtschaft ist daher ein ganzes Spektrum öffentlicher Leistungen gleichsam von Natur aus im Kern privatisierungsresistent. Dies schließt nicht aus, dass auch hier Teilaufgaben wie etwa die Abwicklung von Subventionen und anderer geldwerter Leistungen von privaten Unternehmen übernommen werden können. Anders verhält sich das in der öffentlichen Daseinsvorsorge. Hier liegen grundsätzlich beträchtliche Potenziale für eine durchgreifende Aufgabenprivatisierung. Dies zeigt sich u.a. auch daran, dass dieser Sektor seit jeher aus einem Mischsystem von Leistungen öffentlicher Einrichtungen, gemeinnützig orientierten Trägern und ertragswirtschaftlich tätigen Unternehmen besteht.

Privatisierungspotenzial	Eingriffsverwaltung	Leistungsverwaltung	Daseinsvorsorge/ Infrastrukturverwaltung
Aufgabenprivatisierung	gering	gering	hoch
Teilprivatisierung	mittel	mittel	hoch

Tabelle 3: Privatisierungspotenzial

Die Privatisierung von Aufgaben der öffentlichen Verwaltung würde gefördert, wenn sich aus dem höherrangigen Recht Pflichten zur oder Ansprüche auf Privatisierung ableiten ließen. Es gibt allerdings keinen allgemeinen rechtlichen Anspruch interessierter Unternehmen auf Privatisierung öffentlicher Aufgaben. Dagegen hat das Europäische Gemeinschaftsrecht in den letzten 15 Jahren den objektiv-rechtlichen Druck zur Privatisierung und Deregulierung vieler hergebrachter Bereiche der Daseins- und Infrastrukturverwaltung erheblich verstärkt.

Eine Privatisierung von Aufgaben, die bisher vom Gemeinwesen wahrgenommen werden, kann daher generell nur erfolgen, wenn die zuständigen politischen Leitungsgremien es wollen. Dies macht es erforderlich, dass überzeugende Privatisierungsgründe geltend gemacht werden können. Auch dort, wo die rechtlichen Hürden für eine Aufgabenprivatisierung niedrig sind, wird sie in der Regel auf erhebliche interne Widerstände der von der Privatisierung betroffenen Mitarbeiter der öffentlichen Verwaltung treffen und erhebliche arbeits- und dienstrechtliche Folgeprobleme bereiten. Privatisierung als Politik der Staatsentlastung muss daher für den Staat selbst so attraktiv sein, dass sich die zuständigen Körperschaften zur Überwindung der ihr entgegenstehenden rechtlichen und politischen Restriktionen entschließen.

Die Rechtsprobleme der Privatisierung öffentlicher Aufgaben enden nicht mit der Entlassung aus den spezifischen Bindungen der staatlichen Aufgabenwahrnehmung. Dies gilt nicht nur für die Frage nach dem arbeits- und dienstrechtlichen Status der bisherigen Mitarbeiter der privatisierten öffentlichen Einrichtung, vielmehr ergeben sich für die nunmehr privatwirtschaftlich zu betreibenden Aufgabenfelder rechtspolitisch höchst sensible Anschlussprobleme einer Re-Regulierung des Rahmens des öffentlichen Wirtschaftsrechts. Der politische Wille zur Privatisierung wird daher auch beeinflusst vom Umfang und Aufwand des flankierenden Regelungsaufwandes. Eine Aufgabenprivatisierung verlangt umso mehr und diffizilere Regelungen, soweit sie die Kernbereiche der hoheitlichen Verwaltung betrifft. Aber auch Privatisierungen im Bereich der Daseinsverwaltung ziehen Regulierungsprobleme nach sich. Sie erfordern die Re-Regulierung der Rahmenbedingungen der nun mehr marktförmig organisierten Betätigungen privater Unternehmen, die an die Stelle der Träger öffentlicher Verwaltung treten.

Es kann als Fazit aus öffentlich-rechtlicher Sicht festgehalten werden, dass die Zuständigkeit zum Vollzug öffentlicher Aufgaben mit Ausnahme der Aufgaben, die der Bundesverwaltung obliegen, grundsätzlich bei den Ländern und Gemeinden liegt. Je nach dem, wo die rechtliche Grundlage für die Ausübung der Aufgabe liegt, ist für deren Privatisierung eine Änderung der Verfassung, des Gesetzes oder der einschlägigen untergesetzlichen Rechtsnormen erforderlich. Aufgaben, die gesetzlich nicht zugewiesen sind, können durch Entscheidung des zuständigen Leitungsgremiums privatisiert werden. Daher ist der Privatisierungsaufwand dort am geringsten, wo das Niveau der Verrechtlichung am niedrigsten ist. Dies ist bei den freiwilligen Selbstverwaltungsangelegenheiten der Gemeinden der Fall. Rechtliche Grenzen der Privatisierung können sich im Einzelfall aus den Vorgaben des höherrangigen Rechts ergeben. Im Weiteren sind systemische Grenzen der Privatisierungsfolgen zu beachten. Mit der Aufgabenprivatisierung schwindet die Möglichkeit, die betreffende Tätigkeit mit den genuin staatlichen Mitteln einseitig-hoheitlich zu regeln (Satzungen, Verwaltungsakt, Enteignung) und im Wege des Verwaltungszwanges durchzusetzen. Diese Restriktionen lassen sich jedoch dadurch reduzieren, dass nur die Teilfunktionen einer öffentlichen Aufgabe privatisiert werden, für die eine einseitig-hoheitliche Wahrnehmung nicht erforderlich ist.

Für Kooperationen unter Beteiligung mittelständischer Bauunternehmer sind deshalb Funktions- oder Teilprivatisierungen am ehesten als neue Geschäftsfelder in Betracht zu ziehen, da Restriktionen aus öffentlich-rechtlichen Rahmenbedingungen hier am wenigsten zu erwarten sind. Dabei sind Kommunen als Feld für Privatisierungen besonders geeignet, da hier viel stärker als durch Bund und Länder Dienstleistungen erbracht werden.

3 Effizienzsteigernde Rahmenbedingungen

Effizienzsteigerungen (Effizienzgewinne, Effizienzvorteile) sind wesentliche Erfolgsfaktoren bei der Teilprivatisierung öffentlicher Aufgaben. Zunächst sollen die effizienzsteigernden Rahmenbedingungen für die Beziehung zwischen öffentlicher Hand und Privatwirtschaft (PPP-Ebene) aufgezeigt werden (*Kapitel 3.1 bis 3.4*). Anschließend soll es um die effizienzsteigernden Rahmenbedingungen zwischen den an der Kooperation beteiligten Unternehmen der Privatwirtschaft (Unternehmensebene) gehen (*Kapitel 3.5*).

Effizienz (Wirtschaftlichkeit) beinhaltet die Disposition über knappe Ressourcen:

- Entweder soll mit einem gegebenen Mitteleinsatz (Input) ein maximales Ergebnis (Output) erzielt werden (Maximumprinzip).
- Oder ein vorgegebener Output soll mit einem minimalen Input erreicht werden (Minimumprinzip).
- Wenn sowohl der Input als auch der Output in Grenzen variierbar sind, dann wird auf das Optimumprinzip abgestellt.[21]

Im Zusammenhang mit der privatwirtschaftlichen Realisierung öffentlicher Bauvorhaben ist in der Regel das Minimumprinzip anzuwenden. Effizienzsteigerungen entstehen demnach also immer dann, wenn ein vorgegebenes Leistungsergebnis (Output) mit einem geringeren Input als bisher prozessmäßig erreicht werden kann. Sie können aber nur verfolgt und erreicht werden, wenn die politischen und institutionellen Rahmenbedingungen stimmen[22]. Zu den wichtigsten effizienzsteigernden Faktoren gehören eine optimale Risikoverteilung, ein funktionierender Wettbewerb, eine outputorientierte Leistungsbeschreibung sowie der Lifecycle-Ansatz. Daneben gibt es Faktoren, deren Bedeutung projektabhängig variiert. Zu diesen Faktoren gehören[23]:

- Projektüberwachung und Anreize
- Beratung der öffentlichen Hand
- Transparenz
- Deal-flow (stetiger Projektfluss: öffentliche Hand bringt stetig ähnliche Projekte auf den Markt)

---

[21] Vgl. Horváth, Péter: Wirtschaftlichkeit. In: Busse von Colbe, Walther; Pellens, Bernhard: Lexikon des Rechnungswesens, München, 1998, S. 752 ff.

[22] Vgl. dazu Jacob, Dieter; Kochendörfer, Bernd et al.: Effizienzgewinne bei privatwirtschaftlicher Realisierung von Infrastrukturvorhaben. Köln, 2002, S. 17 f.

[23] Vgl. ebd., S. 19.

- Projektbündelung
- Generierung zusätzlicher Erlöse
- Beteiligung von externen Finanziers (eventuell Aufnahme des Finanzpartners in die Kooperation, „smart capital")
- Übereinstimmung der Interessen der Vertragsparteien
- Aufgabenerfüllung der öffentlichen Hand
- Standardisierung von Vertragselementen.

Die wichtigsten effizienzsteigernden Faktoren werden nachfolgend einer Einzelbetrachtung unterzogen.[24]

3.1 Optimierung der Risikoverteilung

Grundsätzlich können verschiedene Arten von Risiken unterschieden werden (z.B. leistungswirtschaftliche, finanzwirtschaftliche, moralische Risiken).

Die nachfolgende Tabelle zeigt die für die PPP-Ebene wichtigsten primär leistungswirtschaftlichen Risiken im Lebenszyklus auf.

Planungsrisiken	Bau- und Entwicklungsrisiken	Betriebs- und Unterhaltungsrisiken
Scheitern des Planungskonzeptes	Fehlerhafte Preiskalkulation	Höhere Betriebskosten
Mangelnde Planungsqualität	Fehlerhafter Zeitplan	Höhere Instandhaltungskosten
Änderungen durch Auftraggeber	Schlechte Qualität	Ungenügende Instandhaltung
Änderungen durch Betreiber	Nachtragskosten (Schnittstellenrisiken)	Verfügbarkeit
Änderungen durch externe Einflüsse (z.B. Gesetze)	Unvorhergesehene Bodenverhältnisse	Nachfragerisiko
Planungskonzept nicht eingehalten	Bauzeitüberschreitung / Beschleunigungskosten	Technologierisiko
Fehlerhafte Umsetzung Planung	Höhere Gewalt	Gesetzesänderungen
Insolvenz Planungsbüro	Gesetzesänderungen	Insolvenz Betreiber
	Insolvenz Bauunternehmen	

Tabelle 4: Risiken

Zur optimalen Gestaltung der leistungswirtschaftlichen Risikoverteilung zwischen öffentlichem und privatem Sektor ist darauf zu achten, dass immer derjenige die Einnahmen- oder Ausgabenrisiken übernimmt, der sie am besten einschätzen und steuern kann. Der

[24] Ebd., S. 20-24.

darüber hinausgehende Risikotransfer (auf den privaten Sektor) hätte zu hohe Risikoaufschläge und möglicherweise die Gefahr zur Folge, mit falschen Risikoinstrumenten „Hasardeure" anzulocken und die Gefahr der Nachverhandlung heraufzubeschwören[25]. Dies würde dann den öffentlichen Sektor treffen und zu Effizienznachteilen führen.

Ein abstraktes Beispiel für eine optimale leistungswirtschaftliche Risikoverteilung könnte wie folgt aussehen:[26]

	Privater Sektor		Öffentlicher Sektor
Planungs- und Baurisiko	Ja		Nein
Inbetriebsetzungs- und Betriebsrisiko	Ja		Nein
Nachfragerisiko	Ja	(projektspezifisch)	Ja
Technologie- oder Veralterungsrisiko	Ja	(projektspezifisch)	Ja
Regulierungs- und Gesetzesrisiko	Nein		Ja

Tabelle 5: Optimale leistungswirtschaftliche Risikoverteilung (Beispiel)

Der private Sektor kann in der Regel die Risiken besser als die öffentliche Hand steuern, die mit den Bau- und Betriebskosten, dem technologischen Wandel und der Gebrauchstauglichkeit verbunden sind.

Zur erfolgreichen leistungswirtschaftlichen Risikoverteilung gehört, dass der Private einen eigenen Finanzierungsanteil leistet. Zudem hängt die Auswahl des geeigneten Kreditfinanzierungsinstrumentes in hohem Maße von der Risikoverteilung zwischen öffentlicher Hand und Privatwirtschaft ab. Bei absichtlich geringerem Risikotransfer auf den privaten Sektor kann neben der Projektfinanzierung auf zinsgünstigere klassische Fremdfinanzierungsinstrumente zurückgegriffen werden[27]. Dies wäre mittelstandsfreundlich.

---

[25] Tegner, H.: Investitionen in Verkehrsinfrastruktur unter politischer Unsicherheit – Ökonomische Probleme, vertragliche Lösungsansätze und wirtschaftspolitische Implikationen. Dissertation, TU Berlin, 2003, erscheint demnächst (bei Vandenhoeck & Ruprecht), S. 60, 156.

[26] Vgl. Jacob, Dieter; Kochendörfer, Bernd: Private Finanzierung öffentlicher Bauinvestitionen – ein EU-Vergleich. Berlin, 2000, S. 60.

[27] Privatwirtschaftliche Realisierung öffentlicher Hochbauvorhaben (einschließlich Betrieb) durch mittelständische Unternehmen in Niedersachsen. Kurzfassung zu den Ergebnissen des Forschungsvorhabens, bearbeitet von TU Bergakademie Freiberg, Fakultät für Wirtschaftswissenschaften, Lehrstuhl für ABWL, insbesondere Baubetriebslehre, Prof. Dr.-Ing. Dipl.-Kfm. Dieter Jacob, 2002.

3.2 Wettbewerb[28]

Wettbewerb ist volkswirtschaftlich betrachtet ein Verfahren zur dezentralen Koordinierung individueller Wirtschaftsaktivitäten in Volkswirtschaften und in der Weltwirtschaft. Durch Wettbewerb werden diejenigen Anbieter von Produktionsfaktoren, Gütern und Dienstleistungen belohnt, die den Erwartungen der Marktgegenseite am besten entsprechen. Umgekehrt werden diejenigen Anbieter, deren Leistungen von den Nachfragern nicht abgenommen werden, bestraft, was im Extremfall zu ihrem Marktaustritt führen kann. In dynamischer Hinsicht ist Wettbewerb ein „Such- und Entdeckungsverfahren“, in dem die Wirtschaftssubjekte die besonderen, einzigartigen Kenntnisse ihrer Umgebung nutzen, um daraus Wettbewerbsvorteile zu erzielen.[29]

Aus betriebswirtschaftlicher Sicht stellt Wettbewerb einen Aktionsparameter dar, der folgende Komponenten umfasst (Wettbewerbsparameter):

- den Preis der Leistung (Preiswettbewerb). Dieser Parameter ist nur dann einsetzbar, wenn die Unternehmen über eine relativ vorteilhafte Kostenposition verfügen. Die so genannte Kostenführerschaft bietet die besten Voraussetzungen, um im Preiswettbewerb bestehen zu können und gleichzeitig die eigene Gewinnsituation zu verbessern.
- die Preisstruktur der Leistungen
- die Variation von Produkten und Produktqualitäten im Hinblick auf die Erschließung neuer Nachfragergruppen (Produktdifferenzierung, Qualitätswettbewerb)
- das Angebot von Dienstleistungen, die im Zusammenhang mit einem angebotenen Gut stehen (Servicewettbewerb)[30]
- die Schaffung von Produkt- und Verfahrensinnovationen mit dem Ziel, eine temporäre Vorrangstellung am Markt zu erlangen (Innovationswettbewerb)
- die zeitliche optimierte Disposition und Bereitstellung der Leistung (Zeitwettbewerb), die einerseits auf eine möglichst frühzeitige Bedienung der Nachfragepräferenzen zielt, andererseits aber den Risiken einer frühzeitigen Bereitstellung Rechnung tragen muss[31].

Dass diese Aktionsparameter nur über geeignete Marketingaktivitäten kommuniziert werden können (Werbungswettbewerb), versteht sich in einer modernen, komplexen Volkswirtschaft von selbst.

---

[28] Ebd., S. 22 ff.

[29] Hayek, Friedrich A. von: Der Wettbewerb als Entdeckungsverfahren. In: Freiburger Studien, Tübingen, 1969, S. 249-265.

[30] Schmidt, Ingo: Wettbewerbspolitik und Kartellrecht. Stuttgart, 1996, S. 60 f.

[31] Fischer, Jochen: Zeitwettbewerb – Grundlagen, strategische Ausrichtung und ökonomische Bewertung zeitbasierter Wettbewerbsstrategien. München, 2001.

Der Einsatz der Wettbewerbsparameter durch die Unternehmen erfolgt weder unabhängig voneinander, noch kann er sich einseitig an der Kosten- oder der Leistungsseite orientieren. Vielmehr gebietet das Prinzip der Wirtschaftlichkeit, das jeweils optimale Verhältnis aus Kosten und Nutzen der Aktionsparameter zu realisieren.

In Bezug auf die privatwirtschaftliche Realisierung von Infrastrukturvorhaben spielen insbesondere der Preis- und der Innovationswettbewerb eine entscheidende Rolle, denn nur dann sind Effizienzvorteile zu erwarten. Folgende Faktoren führen erfahrungsgemäß zu einem erfolgreichen Preiswettbewerb:

- mehrere ernsthaft interessierte Anbieter im Markt
- Marktkenntnisse
- klare und sorgfältige Projektdokumentation
- Aufrechterhaltung einer preislichen Spannung während der gesamten Angebotsfindung – trotz der oft erforderlichen vorvertraglichen Kommunikation mit dem Auftraggeber
- keine Einzelprojekte, sondern eine Serie von Projekten in vergleichbarer Konstellation
- keine wettbewerbsbeschränkenden Faktoren (z.B. Schutzrechte).

Durch den Innovationswettbewerb und der damit verbundenen Kreativität und das unternehmerische Denken des privaten Sektors können neue, effizientere Wege zur Erbringung von Dienstleistungen aufgezeigt werden. Es wird deutlich, dass damit auch die in die Gesamtleistung integrierte Planungsleistung dem (Preis-) Wettbewerb unterworfen werden muss, was für viele Architekten und Ingenieure „ungewohnt“ ist.

Neben Preis- und Innovationswettbewerb spielt zur Generierung von Effizienzvorteilen das Management-Know-how des privaten Sektors eine weitere Rolle. Öffentlicher und privater Sektor sollten ihre besonderen Stärken in effektiven Partnerschaften vereinigen. Nachfolgende Punkte zeigen, wann es sinnvoll ist, auf Management-Know-how des privaten Sektors zurückzugreifen:

- wenn dadurch Größenvorteile (economies of scale) erzielt werden können. Beispielsweise könnten durch die Zusammenlegung von Kapazitäten Kosten gesenkt werden.
- wenn die Durchführung von Projekten spezifischer Fähigkeiten bedarf
- wenn der Anbieter einer Dienstleistung eine Spitzenposition bei deren Bereitstellung einnimmt (z.B. durch Neuerungen)
- wenn die Art der Dienstleistung hochbezahlte Spezialisten erfordert, die sich nicht in das Tarifsystem der öffentlichen Hand einordnen lassen

- wenn durch eine Zusammenarbeit von öffentlicher Hand und Privaten „Kooperations-Know-how" eingebracht wird, das die Transaktionskosten senkt sowie Verbund- und Synergieeffekte erzielt (economies of scope).

3.3 Outputorientierung[32]

Ein wesentlicher Unterschied zwischen privatwirtschaftlicher Realisierung und einer konventionellen Beschaffung durch die öffentliche Hand besteht darin, dass bei einer privatwirtschaftlichen Realisierung die geforderte Dienstleistung (output) funktional genau beschrieben wird, wohingegen sich die traditionelle Beschaffung auf die vorherige Festlegung der Einsatzfaktoren (input) konzentriert. Eine qualitativ hochwertige Leistungsbeschreibung mit genügend Flexibilität, z.B. eine Funktionalausschreibung nach § 9 Nr. 10 ff. VOB/A durch die öffentliche Hand, ist Voraussetzung für ein erfolgreiches privatwirtschaftliches Projekt. Auch eine funktionale Leistungsbeschreibung muss vollständig und richtig sein. Eine Funktionalausschreibung kann durch „Überspezifizierung" gefährdet sein und bindet den Bieter an eine Lösung, welche als Referenzprojekt von der öffentlichen Hand ausgearbeitet wurde. Die Qualität leidet ebenfalls, wenn für den Abnehmer wesentliche Leistungen fehlen oder wenn die Leistungsbeschreibung nicht genügend Flexibilität aufweist, um Anpassungen während der Vertragsdauer zu ermöglichen. Dem kann durch eine gemeinsame Entwicklung von Leistungsbeschreibungen und einem generellen Erfahrungsaustausch zwischen öffentlicher Hand und privatem Sektor entgegengewirkt werden. Weiterhin könnte die öffentliche Hand ihre Erfahrungen bei der Erstellung von Leistungsbeschreibungen durch die Einrichtung einer zentralen Datenbank mit positiven und negativen Beispielen austauschen. Bei den Kenntnissen und Erfahrungen der öffentlichen Auftraggeber mit Funktionalausschreibungen gibt es Defizite, da diese nur ausnahmsweise zulässig waren. Die Outputorientierung ist eine Voraussetzung dafür, dass das Know-how der ausführenden Unternehmen und der Betreiber in die Planung einfließen kann und darf, da der Auftraggeber in seiner Leistungsbeschreibung dazu genügend Spielraum lässt.

[32] Jacob/Kochendörfer et al., Effizienzgewinne (2002), a.a.O., S. 21 f.

3.4 Life-cycle-Ansatz[33]

Langfristige Verträge stellen aus folgenden Gründen ebenfalls eine Grundvoraussetzung dar:

- Erfordernis, die anfänglichen Investitionen über eine längerfristige Periode wieder einzubringen, um das Projekt bezahlbar zu machen.
- Spielraum, den eine lange Vertragsfrist bietet, um alternative Wege der Erbringung von Dienstleistungen während der Betriebsphase zu entwickeln.
- Anreiz, den die lange Vertragsfrist gibt, sich auf die gesamten Lebenszykluskosten des Projektes und nicht nur die Baukosten zu konzentrieren.

Langfristige Verträge können allerdings auch Probleme verursachen, z.B. wenn sich die Nachfrage nach der angebotenen Dienstleistung im Zeitablauf verändert oder ein starker technologischer Wandel eintritt.

Besonders wichtig ist die frühzeitige gegenseitige Einbindung von Planern und späteren Betreibern, um die Lebenszykluskosten, insbesondere die Betriebskosten, zu optimieren und einen Großteil späterer, betreibungsseitiger Änderungen zu vermeiden (vgl. dazu auch die Ausführungen zu „Entscheidungsstrukturen und Konfliktlösungsmechanismen", *Kapitel 6.2.4*). Durch ein frühzeitig entwickeltes Facility-Management-Konzept können die Kosten für das Betreiben einer Immobilie, die bereits nach fünf bis zehn Jahren die Höhe der Investitionskosten erreicht haben können, erheblich gesenkt werden. Je früher betreibungsseitige Planungsmängel aufgedeckt werden, desto größer ist die Chance eines günstigen Verlaufes der Lebenszykluskosten. Eine Kooperation von Architekten und späteren Betreibern ist bereits in der Entwurfsphase sehr empfehlenswert.

3.5 Kooperationsansatz

In diesem Abschnitt sollen die Beziehungen zwischen den Kooperationspartnern unter Effizienzgesichtspunkten betrachtet werden.

Effizienzvorteile durch eine freiwillige Zusammenarbeit in Form einer Kooperation werden dann entstehen, wenn es gelingt, die sich aus den Informationsasymmetrien, der Spezifität und Unsicherheit ergebenden Verhaltensrisiken der einzelnen Partner zu verringern. Generell ist eine Kooperation gegenüber der Eigenerstellung immer dann zu bevorzugen, wenn dadurch Transaktionskosten eingespart werden.[34] Das bedeutet, dass beispielsweise die Kosten bei der

---

[33] Ebd., S. 24.

[34] Vgl. Picot/Dietl/Franck, a.a.O., S. 169.

Anbahnung der Kooperation und den Vereinbarungen so gering wie möglich gehalten werden. Dies kann z.B. durch die Standardisierung von Modellen, Abläufen und Verträgen bzw. Vertragselementen erreicht werden. Aber auch die Häufigkeit der Durchführung der Transaktion spielt eine Rolle. Je häufiger sich eine bestimmte Transaktion wiederholt, desto niedriger sind tendenziell auch die mit der Transaktion verbundenen Kosten.

Kooperationen können aber auch unter anderen Gesichtspunkten Effizienzvorteile generieren. In Analogie zur Ebene zwischen öffentlicher Hand und Privatwirtschaft (PPP-Ebene) kommt auch bei der Betrachtung der Beziehungen zwischen den Kooperationspartnern (Unternehmensebene) der optimalen Risikoverteilung eine entscheidende Bedeutung zu. Es gilt nicht nur, die aus der PPP-Ebene transferierten Risiken unter den Partnern aufzuteilen oder durch Maßnahmen des Risikomanagements abzumildern (z.B. Versicherung von Risiken, Risikoabwälzung auf externe Dritte), sondern darüber hinaus auch noch die Risiken zu bewältigen, die sich aus der Kooperation auf Unternehmensebene ergeben (z.B. Risiko der Auswahl unerwünschter/falscher Kooperationspartner, moral hazard- und hold up-Problematik).

Die Effizienz von Kooperationen hängt ebenfalls von den eingebrachten Ressourcen (z.B. Know-how, Kernkompetenzen) der Partner und vom Verhältnis dieser Ressourcen zueinander ab. Ressourcen können abhängig, potent und plastisch sein.[35] Eine Ressource ist abhängig, wenn sie gemeinsam mit der Ressource eines anderen Kooperationspartners einen höheren Nutzen stiftet als bei getrenntem Einsatz. Hängen andere Ressourcen von einer bestimmten Ressource ab, so wird diese Ressource als potent bezeichnet. Kann die Nutzung einer Ressource nicht genau ermittelt werden, handelt es sich um eine plastische Ressource. Daraus bestimmen sich in entscheidendem Maße die Abhängigkeitsverhältnisse zwischen den einzelnen Kooperationsteilnehmern.

Ein weiterer Einflussfaktor ist die Gestaltung des Informationsaustausch- bzw. Kommunikationsprozesses zwischen den an der Kooperation beteiligten Unternehmen. Beispielsweise muss der durch die outputorientierte Leistungsbeschreibung eingeräumte Spielraum der öffentlichen Hand innovativ genutzt werden. Dazu ist es erforderlich, die Kernkompetenzen der Kooperationspartner optimal zu nutzen. Weitere Potenziale liegen beispielsweise in der Verbesserung der Integration entlang der Wertschöpfungskette. Hierbei geht es um eine Schnittstellenoptimierung und eventuell -reduzierung zwischen den an der Planung, Errichtung und Betreibung Beteiligten und um eine zeitliche Integration über den Lebenszyklus.

[35] Vgl. ebd. und auch zu den nachfolgenden Definitionen zur Ressourcenabhängigkeit, -potenz und -plastizität, S. 172.

Nicht zuletzt spielt es bei der Frage nach den effizienzsteigernden Rahmenbedingungen eine Rolle, inwieweit es der Kooperation gelingt, *economies of scale* (Größenvorteile aufgrund von Erfahrungskurveneffekten oder Kostendegression) und *economies of scope* (Synergie- und Verbundvorteile durch die gemeinsame Abwicklung bestimmter Aufgaben) zu realisieren.[36]

[36] Vgl. Greve, a.a.O., S. 4.

4 Handlungsfelder[37]

Durch die kaum überschaubare Vielfalt möglicher Handlungsfelder für PPP und auf Grund der fließenden Übergänge fällt es schwer, eine systematische Einordnung der einzelnen Bereiche vorzunehmen.

In der Literatur werden zwei grundsätzliche Betrachtungsweisen gewählt. Während die eine auf die raumbezogenen Aspekte abstellt, also z.B. zwischen lokalen und regionalen Ebenen unterschieden wird, differenziert die andere den Gegenstandsbereich für PPP nach sektoralen Kriterien, wobei diese Betrachtungsweise häufiger zu finden ist. Sektoral gesehen werden Partnerschaft-Initiativen auf den unterschiedlichsten Anwendungs- bzw. Handlungsfeldern praktiziert und zukunftsorientiert diskutiert. Dabei versuchen die Akteure, auf die Tätigkeiten innerhalb eines bestimmten Sektors, wie z.B. Städtebau und Stadtentwicklung oder Wirtschaftsförderung Einfluss zu nehmen.[38]

Für Kooperationen mittelständischer Bauunternehmen kommen als neues Handlungs- und damit Geschäftsfeld insbesondere die privatwirtschaftliche Realisierung kommunaler Aufgaben in Frage. Neben dem generell großen kommunalen Investitionsbedarf und Bedarf an Betreiberleistungen in diesem Bereich spielen dabei die regionale Stärke mittelständischer Bauunternehmen sowie der in der Regel begrenzbare Finanzbedarf der Einzelaufgaben eine Rolle. Durch Kommunen werden zudem viel stärker als durch Bund und Länder Dienstleistungen mit Baubezug erbracht.

Auf Grund der Bedeutung der kommunalen Aufgaben für mögliche Handlungsfelder werden diese nachfolgend in Anlehnung an die vom Deutschen Institut für Urbanistik (Difu) vorgenommene Gliederung der kommunalen Aufgaben dargestellt. Aufgaben des Bundes und der Länder wurden dabei in diese Gliederung eingefügt. Die einzelnen Handlungsfelder werden mit Beispielen für bauliche Anlagen unterlegt, welche den öffentlichen Aufgaben im Handlungsfeld dienen. Dies soll der Sichtweise mittelständischer Bauunternehmen entgegenkommen, die sich am Markt auch nach Bausparten oder nach der Art ihrer Bauleistungen positionieren. Die beispielhafte Unterlegung der Handlungsfelder mit baulichen Anlagen hat dabei zur Folge, dass unterschiedliche Typen baulicher Anlagen innerhalb eines Handlungsfeldes zusammengefasst sein können und gleiche Typen baulicher Anlagen zu unterschied-

[37] Hauptquelle: Reidenbach, Michael et al: Der kommunale Investitionsbedarf in Deutschland. Difu-Beiträge zur Stadtforschung, Berlin, 2002.

[38] Roggencamp, a.a.O.

lichen Funktionsbereichen der öffentlichen Verwaltung zugeordnet werden und damit unterschiedlichen rechtlichen Regelungen unterworfen sind.

Für die privatwirtschaftliche Realisierung durch Kooperationen mit Beteiligung mittelständischer Bauunternehmen hat dies allerdings kaum Relevanz. In Verwaltungsgebäuden, die einen gleichen baulichen Typus aufweisen, kann z.B. Leistungs-, Eingriffs- und Fiskalverwaltung realisiert werden. Dies wäre aber bei einer Teilprivatisierung des Verwaltungsgebäudes für den privaten Sektor von untergeordneter Bedeutung.

Für die qualitative Einschätzung von Marktpotenzialen im Handlungsfeld und für die qualitative Bewertung des Handlungsfeldes für mittelständische Bauunternehmen als mögliches Geschäftsfeld im Rahmen der privatwirtschaftlichen Realisierung wird der vom Difu geschätzte kommunale Investitionsbedarf in Deutschland von 2000 bis 2009 genutzt. Der kommunale Investionsbedarf kann natürlich nicht gleichgesetzt werden mit dem Bedarf an Public Private Partnership, da nur ein Teil dieses Bedarfes privatwirtschaftlich realisierbar ist. Grundsätzlich basiert die Difu-Schätzung auf dem kommunalen Bedarf, welcher teils durch staatliche Vorgaben, teils durch Entscheidungen auf Grund kommunalpolitischer Willensbildung formuliert wird, und nicht auf seiner Finanzierbarkeit.

Die dargestellten Zahlen können das PPP-Potenzial nicht abbilden und liefern nur Anhaltspunkte für mögliche Marktpotenziale; so treten zum Beispiel Defizite in der Ausstattung mit kommunaler Infrastruktur gerade bei Einrichtungen mit kleinem Einzugsbereich wie z.B. Kindergärten, Sporteinrichtungen oder Altenhilfeeinrichtungen räumlich begrenzt auf; das heißt, dass von privaten Anbietern zur Bestimmung des Marktpotenzials für diese Bereiche eine Lokalisierung des Bedarfs vorgenommen werden muss. Die Ermittlung des vorhandenen Marktpotenzials durch die Übertragung der Aufgaben von Bund und Ländern wurde nicht vertiefend vorgenommen. Zusätzlich zu den bisherigen Betrachtungen muss auch das erhebliche Marktpotenzial der Betreibung von Einrichtungen einschließlich der Übernahme der Aufgabenerfüllung gesehen werden, wobei allerdings mit geringerem Anteil des Bauvolumens am Gesamtvolumen eines PPP-Vorhabens auch die Attraktivität für Bauunternehmen abnimmt.

4.1 Leitungsgebundene Energieversorgung und Telekommunikation

z.B. Planen, Finanzieren, Bauen und Betrieb von

- Stromversorgungsanlagen
- Nah- und Fernwärmeversorgungsanlagen
  - – Wärmeerzeugung und zentrale Einrichtungen
  - – Wärmenetze
- Telekommunikationsanlagen
- Gasversorgungsanlagen

Der Bereich der leitungsgebundenen Energieversorgung umfasst die Erzeugung und Bereitstellung von Strom, Gas, Fernwärme sowie die dazu benötigten gemeinschaftlichen Einrichtungen. Ein wesentliches gemeinsames Merkmal ist dabei die Verwendung von physischen Netzen zur Energieversorgung der Endverbraucher oder zum Bezug von bzw. der Abgabe von Energie an andere Versorgungsunternehmen. Die leitungsgebundene Energieversorgung gehört traditionell zu den Aufgaben der kommunalen Daseinsvorsorge, die zur öffentlichen Versorgung zählt.[39] Sie wird traditionell mit Hilfe von Stadtwerken oder Wirtschaftsunternehmen in öffentlichem Eigentum realisiert. Gegenwärtig findet ein Prozess der Ablösung von der öffentlichen Hand statt, parallel ist durch die Änderung des Energiewirtschaftsgesetzes der Wettbewerb zwischen den Energielieferanten gestärkt worden, wobei eine weitere Stärkung des Wettbewerbs z.B. durch Erleichterung von Durchleitungen denkbar wäre.

Im Telekommunikationssektor ist ebenfalls eine Marktöffnung und Privatisierung eingetreten, die es auch den Kommunen ermöglicht, in diesem Marktfeld aktiv zu werden.

[39] Reidenbach, a.a.O.

Marktpotenzial

Investitionsbedarf der kommunalen leitungsgebundenen Energieversorgung 2000 - 2009	Alte Bundesländer in Mrd. DM	Neue Bundesländer in Mrd. DM	Deutschland in Mrd. DM	*in Mrd. EUR*
Strom	38,1	6,3	44,4	*22,7*
Gas	10,3	2,6	12,8	*6,6*
Fernwärme	10,9	2,2	13,2	*6,7*
gemeinsame Betriebsabteilungen	8,3	1,6	9,9	*5,0*
Sachinvestitionen zusammen	67,5	12,7	80,2	*41,0*
Finanzinvestitionen an Dritte	1,0	0,3	1,3	*0,7*
insgesamt	68,5	13,0	81,5	*41,7*

Tabelle 6: Investitionsbedarf der kommunalen leitungsgebundenen Energieversorgung 2000 - 2009

Quelle: Difu

Anmerkungen und Bewertungen

Es besteht ein erheblicher Investitionsaufwand bei der Übernahme bzw. Neuerrichtung von Energieversorgungsanlagen und -netzen. Der Investitionsbedarf beträgt z.B. für Sachinvestitionen 4,1 Mrd. € pro Jahr, wovon auf den Fernwärmesektor lediglich 0,67 Mrd. € entfallen. Es gibt zudem Bedarf für räumlich begrenzte Nahwärmeversorgungen, wobei über die Wirtschaftlichkeit die Netzkonfiguration und die Entgelte/Einspeisevergütungen der Stromseite entscheiden. Die Übernahme bestehender Anlagen durch mittelständische Bauunternehmen erscheint ohne nennenswerten Neubauanteil und damit Planungs- und Gestaltungsspielraum mit Kostensenkungsmöglichkeiten für den Betrieb wenig interessant. Bei Neubaugebieten mit Einfluss auf die städtebauliche Gestaltung sind die Potenziale größer. Auf Grund der fortgeschrittenen Liberalisierung des Strom- und Gasmarktes sind aber keine wesentlichen Marktpotenziale zu erwarten. Insgesamt gesehen ist das Handlungsfeld für die privatwirtschaftliche Realisierung mit Beteiligung mittelständischer Bauunternehmen weniger geeignet.

4.2 Wasserversorgung und Umweltschutz

4.2.1 Wasserversorgung

z.B. Planen, Finanzieren, Bauen und Betrieb von

- Wassergewinnungs- und -aufbereitungsanlagen
- Anlagen zur Grundwasseranreicherung
- Anlagen zur Wasserverteilung
- Anlagen zur Löschwasserversorgung

Ziele der öffentlichen Wasserversorgung sind die Trinkwasserversorgung, die nachhaltige Wasserwirtschaft, also die möglichst sparsame und zweckentsprechende Nutzung von Trink- und Brauchwasser sowie die Erhaltung und Verbesserung der Oberflächen- und Grundwasserqualität. Die Wasserversorgung als Aufgabe der Daseinsvorsorge gehört zu den wichtigsten Aufgaben der kommunalen Selbstverwaltung. Sie wird von vielen kleinen Unternehmenseinheiten, zumeist kommunalen Regie-, Eigenbetrieben oder Eigengesellschaften organisiert. In größeren Städten ist die Wasserversorgung zumeist eine Sparte der Stadtwerke. Gegenwärtig ist eine fortschreitende Privatisierung kommunaler Trinkwasserversorgungsanlagen und -betriebe durch Verkauf an größere privatwirtschaftlich organisierte (oft mit der Energiewirtschaft verbundene) Versorgungsunternehmen festzustellen. Damit verbunden ist eine zunehmende Konzentration in diesem Bereich. Beispiele für eine Beteiligung mittelständischer Bauunternehmen, z.B. aus den Sparten Brunnen- und Rohrleitungsbau, sind nicht bekannt.

Marktpotenzial

Investitionsbedarf für kommunale Wasserversorgung 2000 - 2009	Alte Bundesländer in Mrd. DM	Neue Bundesländer in Mrd. DM	Deutschland in Mrd. DM	Deutschland *in Mrd. EUR*
Nachholbedarf	1,0	0,4	1,3	*0,7*
Erweiterungsbedarf	15,1	3,8	18,9	*9,7*
Ersatzbedarf	29,3	18,4	47,7	*24,4*
Sachinvestitionsbedarf	45,3	22,6	67,9	*34,7*
davon kommunaler Anteil 85 %	38,5	19,2	57,7	*29,5*
Finanzinvestitionen	0,3	0,2	0,5	*0,3*
insgesamt kommunaler Investitionsbedarf	38,9	19,4	58,3	*29,8*
Investitionen pro Einwohner	679 DM	1.480 DM	828 DM	*423 EUR*

Tabelle 7: Investitionsbedarf für kommunale Wasserversorgung 2000 - 2009

Quelle: Difu

Anmerkungen und Bewertungen

Nur umfassendes Know-how ermöglicht Kosteneffizienz. Effizienzvorteile ergeben sich durch Rationalisierung und Konzentration der Trinkwasserförderung und -aufbereitung mit dem Nachteil eventuell längerer Transportwege sowie durch Netzsanierung, Rationalisierung der technischen und kaufmännischen Abläufe und bei der Kundenbetreuung. Es besteht ein erheblicher Investitionsaufwand bei der Übernahme bzw. Neuerrichtung von Wasserversorgungsanlagen und Gemeindenetzen. Bei Neubaugebieten mit Einfluss auf die städtebauliche Gestaltung sind Teilflächen durch private Wasserleitungen z.B. bei Reihenhausprojekten nach WEG erschließbar, was Kostensenkungspotenziale eröffnet. Eine Löschwasserversorgung muss allerdings öffentlich sichergestellt werden. Insgesamt gesehen ist das Handlungsfeld für die privatwirtschaftliche Realisierung mit Beteiligung mittelständischer Bauunternehmen weniger geeignet.

4.2.2 Abwasserbeseitigung

z.B. Planen, Finanzieren, Bauen und Betrieb von

- Regenwasserbewirtschaftungsanlagen, RÜBs, RÜs, Versickerungsanlagen, Kläranlagen
- Kanalnetzen
- Grubenentleerung und dezentrale Abwasserbeseitigungsanlagen

Ziel der öffentlichen Abwasserbeseitigung ist die Erfassung der anfallenden Abwässer der Haushalte, der Industrie und des Gewerbes. Die Abwässer sind entsprechend den gesetzlichen Vorschriften so zu reinigen, dass unter anderem für alle Gewässer mindestens die Güteklasse II erreicht wird. Die Abwasserbeseitigung ist Aufgabe der Daseinsvorsorge und hoheitliche Tätigkeit. Nach § 18 a WHG ist die Verantwortlichkeit der Kommunen im Abwasserbereich auf Dritte übertragbar, wenn landesrechtliche Voraussetzungen geschaffen sind. Es besteht meist Anschluss- und Benutzungszwang zur Sicherung hoher Abnahmedichten und aus Gründen der Gewässerreinhaltung. Eine Einbindung Privater in die Abwasserbeseitigung ist in verschiedenen Intensitätsgraden möglich, z.B. vom Errichten und Betreiben einer Kläranlage bis hin zur Übernahmen der Gesamtverantwortung für die Abwasserbeseitigung einschließlich Indirekteinleiterkontrolle, wenn die landesrechtlichen Voraussetzungen vorliegen.

Marktpotenzial

Kommunaler Investitionsbedarf Abwasserbeseitigung 2000 - 2009	Alte Bundesländer in Mrd. DM	Neue Bundesländer in Mrd. DM	Deutschland in Mrd. DM	 *in Mrd. EUR*
Nachholbedarf	16,5	9,4	25,9	*13,2*
Erweiterungsbedarf	25,9	9,8	35,7	*18,3*
Ersatzbedarf	50,2	17,7	68,0	*34,8*
Summe Sachinvestitionsbedarf	92,7	26,9	129,6	*66,3*
darunter kommunaler Sachinvestitionsbedarf	87,2	33,9	121,1	*61,9*
Finanzinvestitionen	1,6	0,2	1,8	*0,9*
kommunaler Investitionsbedarf	88,8	34,1	122,9	*62,8*
Investitionen pro Einwohner	1.330 DM	2.230 DM	1.498 DM	*766 EUR*

Tabelle 8: Kommunaler Investitionsbedarf Abwasserbeseitigung 2000 - 2009

Quelle: Difu

Anmerkungen und Bewertungen

Im Rahmen des Umweltschutzes spielt die Abwasserentsorgung eine maßgebliche Rolle. Das Vorhandensein moderner Kläranlagen und eine ausreichend dimensionierte Kanalisation bilden die Grundvoraussetzung zur Erreichung der Umweltziele. Der daraus resultierende Investitionsbedarf für die Abwasserentsorgung beträgt 4,45 Mrd. € pro Jahr. Die Abwasserentsorgung gehört zu den öffentlichen Aufgaben, bei denen seit Jahrzehnten privatwirtschaftliche Lösungen unter Beteiligung von mittelständischen Bauunternehmen zum Einsatz kommen. Dabei zeigte sich, dass insbesondere die Lösungen erfolgreich waren, bei denen Effizienzüberlegungen langfristig und im Gesamtsystem (Anschlussnehmer, Kanalnetz, Kläranlage, Regenwasserbewirtschaftung) erfolgten, der Life-cycle-Ansatz also konsequent angewendet wurde. Aufgrund des hohen Investitionsbedarfs, unterstützt durch auf Betriebseffizienz angelegte Anreizsysteme (Abwasserabgabe) und der vorliegenden Erfahrungen bei mittelständischen Bauunternehmen, z.B. bei der Sanierung von Kanalnetzen, sind Chancen für die privatwirtschaftliche Realisierung mit Beteiligung mittelständischer Bauunternehmen vorhanden.

4.2.3 Abfallwirtschaft

z.B. Planen, Finanzieren, Bauen und Betrieb von

- Anlagen zur Abfallsammlung
- Deponien
- Recyclinganlagen
- Kompostierungsanlagen
- Zwischenlager und -stationen
- Sortierstationen
- Thermische Verwertungsanlagen
- Tierkörperbeseitigungsanstalten

Die Pflichten und Aufgaben im Bereich der Abfallwirtschaft sind im Kreislaufwirtschafts- und Abfallgesetz und in den entsprechenden Landesgesetzen auf die Privaten und die öffentliche Hand aufgeteilt. Die Kommunen sind besonders für die Beseitigung von Siedlungsabfällen sowie des Klärschlamms zuständig. Die zur Verwertung und Beseitigung Verpflichteten können Dritte mit der Erfüllung ihrer Pflichten beauftragen (§ 16 Abs. 1 Kreislaufwirtschafts- und Abfallgesetz). Auch die öffentlich-rechtlichen Entsorgungsträger können hiervon Gebrauch machen. Die Kommunen bzw. Landkreise sind Betreiber eines großen Teils der Abfallbeseitigungsanlagen. In den letzten Jahren hat es vermehrt Ausgliederungen aus den kommunalen Haushalten gegeben. Die dafür gewählte Rechtsform sind die Eigenbetriebe, in steigendem Maße aber auch GmbHs, häufig mit Beteiligung privater Unternehmen. Die Verwertung der Abfälle gewerblicher Abfallerzeuger erfolgt seit Jahren privatwirtschaftlich, was zu einem erheblichen Rückgang der bei öffentlich betriebenen Deponien angelieferten Abfallmengen geführt hat.

Marktpotenzial

Kommunaler Investitionsbedarf für die Abfallbeseitigung 2000 - 2009	Alte Bundesländer in Mrd. DM	Neue Bundesländer in Mrd. DM	Deutschland in Mrd. DM	*in Mrd. EUR*
kommunale Abfallsammlung	5,9	0,9	6,7	*3,4*
kommunale Deponierung	8,3	4,5	12,8	*6,5*
kommunale MVA/MBA	8,7	3,1	11,8	*6,0*
kommunale Kompostierung	5,5	0,7	6,1	*3,1*
kommunale Klärschlammbeseitiung	1,2	0,2	1,4	*0,9*
sonstige kommunale Anlagen	0,8	0,2	1,0	*0,4*
Sachinvestitionen	30,2	9,6	39,8	*20,3*
Finanzinvestitionen	0,3	0,1	0,4	*0,2*
kommunaler Investitionsbedarf	30,5	9,7	40,2	*20,5*
Investitionen pro Einwohner	457 DM	632 DM	490 DM	*250 EUR*

Tabelle 9: Kommunaler Investitionsbedarf für die Abfallbeseitigung 2000 – 2009

Quelle: Difu

Anmerkungen und Bewertungen

Der Aufgabenbereich unterliegt relativ häufig rechtlichen und fachlichen Änderungen. Als Beispiel sei die Altholzverwertung genannt. Auch unterliegt das Aufgabengebiet wegen der vom Bürger direkt erhobenen Müllgebühren ständig einer kritischen Betrachtung der Öffentlichkeit und der Kommunalpolitik. Wegen der starken Verrechtlichung und Umweltempfindlichkeit des Bereiches sind auch der privatwirtschaftlichen Innovationstätigkeit Grenzen gesetzt. Im Bereich der Hausmülldeponien wird nur noch ein geringer Bedarf für den Bau neuer Deponien gesehen. Zusätzliche Aufgaben werden durch die TASi-gerechte Ausgestaltung bestehender Deponien und die Rekultivierung stillgelegter Deponien, z.B. bei der Sickerwasserbehandlung und Kontrolle der Deponieausgasungen sowie Oberflächenabdichtung nach AbfAblV und TASi auftreten. Eine Beteiligung mittelständischer Bauunternehmen an privatwirtschaftlichen Realisierungen im Handlungsfeld Abfallwirtschaft ist aufgrund der vielfältigen Erfahrungen mittelständischer Bauunternehmen in diesem Bereich sicherlich möglich. Dabei ist allerdings die Konkurrenz der großen „Entsorger" zu berücksichtigen, die seit langem in diesem Bereich aktiv sind.

4.2.4 Altablagerungen und Altstandorte

Ein wesentlicher Teil des Schutzes von Boden und Grundwasser besteht in der Beseitigung von Altlasten. Darunter sind ehemalige Mülldeponien, Halden sowie ehemalige Betriebsstandorte und Lagerplätze (Altstandorte) zu verstehen, wenn von ihnen eine Gefahr für die menschliche Gesundheit oder die Umwelt ausgeht. Für die Sanierung wird grundsätzlich der Verursacher, soweit nicht greifbar, der Grundstückseigentümer verantwortlich (§ 4 Abs. 3 BBodSchG) gemacht. Bund, Länder und Kommunen sind in vielerlei Hinsicht, z.B. als ehemalige Inhaber von Deponien, als Betreiber von Gaswerken, Besitzer von belasteten Grundstücken oder zur polizeirechtlichen Abwehr von Gefährdungen, die von fremden Grundstücken ausgehen, für die Beseitigung von Altablagerungen zuständig. Als Sicherungsmaßnahmen kommen z.B. Überdeckelung, Einkapselung und der Bau von Drainagen in Frage. Eine Sanierung von Altablagerungen wird erforderlich, wenn erhebliche Gefährdungen der Umwelt vorliegen oder zu erwarten sind. Neben der Auskofferung der Ablagerung und Abtransport auf eine Sondermülldeponie können verschiedene Sanierungsverfahren, wie z.B. thermische Verbrennung, Bodenwäsche oder mikrobiologische Verfahren, angewandt werden.

Marktpotenzial

Kosten der Altablagerungen 2000 - 2009	Alte Bundesländer	Neue Bundesländer	Deutschland	
	in Mrd. DM	in Mrd. DM	in Mrd. DM	*in Mrd. EUR*
Ersterfassung, Untersuchung und Bewertung	0,9	0,4	1,4	*0,7*
Sanierung	15,3	10,2	25,4	*13,0*
Überwachung	0,4	0,2	0,6	*0,3*
insgesamt	16,6	10,8	27,4	*14,0*
davon kommunal[1)]	14,9	8,6	23,6	*12,1*
Investitionen pro Einwohner	224 DM	565 DM	287 DM	*147 EUR*

[1)] 90 % in den alten Bundesländern, 80 % in den neuen Bundesländern

Tabelle 10: Kosten der Altablagerungen 2000 – 2009

Quelle: Difu

Anmerkungen und Bewertungen

Die Sanierung von Altablagerungen gehört zu den öffentlichen Aufgaben, bei denen privatwirtschaftliche Lösungen zum Einsatz kommen können. Dabei können mittelständische Tiefbauunternehmen mit speziellen Kenntnissen im Umgang mit Gefahrstoffen sowie Erfahrungen in der Grundwasserhaltung, dem Deponiebau oder allgemein mit Erfahrungen beim Fördern, Umlagern und Transportieren von Baustoffen und Boden zum Einsatz kommen. Eine

Refinanzierung kann bei Altstandorten aus der Verwertung der sanierten Grundstücke erfolgen (z.B. Konversion).

4.3 Verkehr

4.3.1 Straßen, Wege, Brücken

z.B. Planen, Finanzieren, Bauen und Betrieb von

- Bundesfernstraßen
- Landesstraßen
- Gemeindestraßen und Plätzen
- Parkhäusern
- Wirtschaftswegen, Privatstraßen der öffentlichen Hand
- großen Bauwerken, z.B. Brücken
- kleinen Bauwerken und Verkehrsgrün, z.B. Straßenentwässerung, Durchlässe, Gräben, Bäume
- Verkehrszeichen, Signalanlagen
- Straßenbeleuchtung
- Straßenreinigung

Das Errichten und Unterhalten von Straßen, Wegen und Brücken ist dem Bund, den Ländern und Kommunen entsprechend den Straßengesetzen zugewiesen. Im Bereich der Bundesfernstraßen nehmen die Länder Aufgaben des Bundes im Rahmen der Auftragsverwaltung wahr. Die Kommunen (und Landkreise) sind Träger der Straßenbaulast für die Gemeindestraßen, die Kreisstraßen und für die Ortsdurchfahrten von Landes- und Bundesstraßen in Gemeinden mit mehr als 30 bzw. 80 Tsd. Einwohnern. Der kommunalen Baulast zuzurechnen sind auch die Brückenbauten und Unterführungen im Netz kommunaler Straßen und die Nebenflächen oder Seitenräume wie Gehwege, Radwege, Parkstreifen usw. und die Einrichtungen zur Verkehrssicherheit. Die Refinanzierung von Erschließungsstraßen erfolgt durch Erschließungsbeiträge. Private können außerhalb des Regelungsbereichs des FstrPrivFinG bei Planung, Bau, Unterhaltung und Betrieb durch Beauftragung eingesetzt werden. Sie stoßen aber an Grenzen, wenn es um hoheitliches Handeln geht, z.B. bei der Planfeststellung oder bei der Anordnung von Verkehrszeichen an einer Tagesbaustelle. Das FstrPrivFinG eröffnet weitergehende Möglichkeiten, insbesondere die Möglichkeit der Mauterhebung. Das Recht zur Planfeststellung bleibt weiterhin der öffentlichen Hand vorbehalten. Privatwege zur Baugebietserschließung sind unter der Voraussetzung der öffentlich-rechtlichen Absicherung des Zugangs, z.B. durch

Baulasten oder auch als Gemeinschaftseigentum nach WEG bei kleinen Reihenhausgebieten möglich.

Marktpotenzial

Kommunaler Investitionsbedarf für Verkehr 2000 - 2009 (ohne ÖPNV)				
Investitionsbereiche, Ersatz- und Erweiterungsinvestitionen[1]	Alte Bundesländer	Neue Bundesländer	Deutschland	
	in Mrd. DM	in Mrd. DM	in Mrd. DM	*in Mrd. EUR*
1 Straßen in Baulast der Gemeinden und Kreise				
1.1 Ersatzbedarf	48,0	35,0	83,0	*42,4*
1.2 Aus- und Neubau von Hauptverkehrstraßen (Erweiterungsbedarf)	3,0	8,0	11,0	*5,6*
1.3 Straßenneubau zur Erschließung neuer Wohn- und Gewerbegebiete	8,0	2,0	10,0	*5,1*
1.4 Umgestaltung von Stadt- und Gemeindestraßen	17,0	4,0	21,0	*10,7*
Zwischensumme 1.1 bis 1.4	76,0	49,0	125,0	*63,9*
2 Einrichtung für den Geh- und Fahrradverkehr				
2.1 Ersatzbedarf (zum größten Teil in 1.1 enthalten)	2,4	0,6	3,0	*1,5*
2.2 Erweiterungsbedarf (z.T. in 1.4 enthalten)	15,0	5,0	20,0	*10,2*
Zwischensumme 2.1 bis 2.2	17,4	5,6	23,0	*11,8*
3 Parkierungsanlagen				
3.1 Quartiergaragen in Altbauvierteln	18,0	5,0	23,0	*11,8*
3.2 Park-and-ride-Anlagen	2,4	0,6	3,0	*1,5*
3.3 Parkhäuser in Citygebieten	0,0	1,0	1,0	*0,5*
Zwischensumme 3.1 bis 3.3	20,4	6,6	27,0	*13,8*
4 Lärmschutzeinrichtungen	8,0	2,0	10,0	*5,1*
5 Verkehrsinformations- und Steuerungssysteme	8,0	2,0	10,0	*5,1*
insgesamt	129,8	65,2	195,0	*99,7*

[1] einschließlich Haltestellen, Bahnhöfe, Betriebshöfe, Werkstätten

Tabelle 11: Kommunaler Investitionsbedarf für Verkehr 2000 – 2009 (ohne ÖPNV)

Quelle: Difu

Anmerkungen und Bewertungen

Nach der Einführung der wegekostenorientierten Benutzungsentgelte für den Schwerlastverkehr auf Bundesautobahnen sind umfassende privatwirtschaftlich realisierte Vorhaben als so genannte Betreibermodelle möglich. Aufgrund der hohen Investititions- und Finanzierungskosten sind mittelständische Bauunternehmen bisher in Projektgesellschaften zur Realisierung der Vorhaben nicht vertreten. Gute Möglichkeiten für Kooperationen unter Beteiligung mittelständischer Bauunternehmen werden aber bei der privatwirtschaftlichen Realisierung von Unterhaltung und Betrieb von Fernstraßen gesehen.

4.3.2 Eisenbahnen, SPNV, ÖPNV

z.B. Planen, Finanzieren, Bauen und Betrieb von

- Bahnhöfen
- Schienenwegen (Oberleitungen)
- Signalanlagen
- Busbahnhöfen
- Buslinien

Nach Art. 87 e GG obliegt die Verantwortung für Bau, Unterhaltung und Betreiben von Schienenwegen einem Wirtschaftsunternehmen in privatrechtlicher Form, welches mindestens zu 51 % im Eigentum des Bundes zu stehen hat. Nach Einschätzung der Kommission Verkehrsinfrastrukturfinanzierung von 2000 ist eine Privatisierung der Schienenwege eines Bundesnetzes aussichtslos, da eine Erwirtschaftung der vollen Wegekosten ohne staatliche Subvention nicht möglich erscheint. Ähnliches gilt für die regionalen und lokalen Schienennetze. Dagegen sollte der Bahnbetrieb stärker dem Wettbewerb, gesichert durch eine Regulierungsbehörde, unterworfen werden. Anfang 1996 traten die Gesetze des Bundes und der Länder zur Regionalisierung des Schienenpersonenverkehrs und des sonstigen, meist straßengebundenen ÖPNV in Kraft. Danach sind nun die Kreise und kreisfreien Städte für die Aufgaben der Planung, Finanzierung und Organisation des öffentlichen Personennahverkehrs auf der Straße zuständig. Für die bauliche Erhaltung der Eisenbahnstrecken, auf denen die DB-AG und verschiedene Nichtbundeseigene Eisenbahnen Personenverkehr betreiben, kommen die Besteller dieser Nahverkehrsleistungen (Zweckverbände, Kommunalverbände und Länder) auf. Nur ein kleiner Teil des Eisenbahnnetzes, auf dem SPNV betrieben wird, befindet sich in kommunaler, regionaler bzw. privater Hand. Dieser Anteil nimmt aber zu, und es ist zu erwarten, dass im kommenden Jahrzehnt ein Teil des Nebenstreckennetzes abgegeben wird, der durch private Betreiber genutzt wird.

Marktpotenzial

Kommunaler Investitionsbedarf für SPNV und ÖPNV 2000 - 2009				
Investitionsbereiche, Ersatz- und Erweiterungsinvestitionen[1)]	Alte Bundesländer	Neue Bundesländer	Deutschland	
	in Mrd. DM	in Mrd. DM	in Mrd. DM	*in Mrd. EUR*
1 Öffentlicher Personenverkehr in Stadt und Region				
1.1 Ersatzbedarf städtischer Schienenverkehrswege	7,0	3,0	10,0	*5,1*
1.2 Ersatzbedarf regionaler Schienenverkehrswege	10,0	8,0	18,0	*9,2*
1.3 Ersatzbedarf Fahrzeuge (Züge und Busse)	22,5	8,5	31,0	*15,9*
1.4 Aus- und Neubau städtischer und regionaler Schienenverkehrswege und Bahnhöfe	55,1	11,1	66,2	*33,8*
1.5 Erweiterungsbedarf Fahrzeuge (Züge und Busse)	23,8	6,0	29,8	*15,2*
Summe 1.1 bis 1.5	118,4	36,6	155,0	*79,3*

Tabelle 12: Kommunaler Investitionsbedarf für SPNV und ÖPNV 2000 - 2009

Quelle: Difu

Anmerkungen und Bewertungen

Mittelstandsfreundliche privatwirtschaftliche Realisierungen (Bau, Netz- und auch Fahrbetrieb) sind bei regionalen und lokalen Netzen denkbar. Vorgelagerte Aufgaben wären die technische und wirtschaftliche Planung, Baurechtsbeschaffung, Finanzierung, der Grunderwerb, die weitere Bauvorbereitung (z.B. Ausschreibung) sowie die Projektsteuerung. Zu den eigentlichen Bauaufgaben zählen der Bau sowie die Modernisierung der Strecken einschließlich aller Betriebsanlagen und Bauwerke. Der bauliche Betrieb wäre die Unterhaltung, Kontrolle und die Sicherung der Betriebsanlagen und Bauwerke (Eisenbahninfrastruktur) z.B. im Auftrag eines Eisenbahninfrastrukturunternehmens. Als zusätzliche Aufgaben und Leistungen wären der eigenverantwortliche Netzbetrieb (Eisenbahninfrastrukturunternehmen) und (für Bauunternehmen fernerliegend) Bahnbetrieb (Eisenbahnverkehrsunternehmen) zu realisieren. Dazu müssen die jeweils erforderlichen Voraussetzungen (Zuverlässigkeit, finanzielle Leistungsfähigkeit, Fachkunde) nachgewiesen und die entsprechenden Genehmigungen nach Allgemeinem Eisenbahngesetz eingeholt werden.

4.3.3 Wasserstraßen und Häfen

z.B. Planen, Finanzieren, Bauen und Betrieb von

- Binnenwasserstraßen
- Seeschifffahrtsstraßen, evtl. auch Seestraßen
- Häfen
- Schleusen, Hebewerken, Schifffahrtzeichen, Tonnen, Leuchttürmen, Radaranlagen, Pegeln, Dükern, Brücken, Pumpwerken, Ein- und Auslässen
- sonstigen Gewässern, z.B. Gewässern III. Ordnung

Bei Gewässern I. und II. Ordnung sind der Bau, Betrieb und die Unterhaltung der Wasserstraßen und Betriebseinrichtungen in der Regel öffentliche Aufgaben. Bundeswasserstraßen unterliegen der unmittelbaren Bundesverwaltung. Häfen sind in der Regel privatwirtschaftlich betreibbar; die Unterhaltung der Gewässer III. Ordnung ist oft Aufgabe des Anliegers.

Anmerkungen und Bewertungen

Teilaufgaben im Handlungsfeld sind grundsätzlich für Kooperationen unter Beteiligung mittelständischer Bauunternehmen privatwirtschaftlich realisierbar, wenn ausreichende Effizienzvorteile erzielbar sind. Vorgelagerte Aufgaben wären die technische und wirtschaftliche Planung, Baurechtsbeschaffung, Finanzierung, weitere Bauvorbereitung, und Grunderwerb sowie die Projektsteuerung. Zu den eigentlichen Bauaufgaben zählen das Errichten, Umbauen und Erweitern. Zum baulichen Betrieb gehören Warten, Unterhalten, Kontrollieren. Als zusätzliche Aufgaben und Leistungen wären die Hafenverwaltung, der Schleusenbetrieb, der weitere nichtbauliche Betrieb, Eisbrecher, die Kommunikation, Gebührenverwaltung, Schifffahrtsüberwachung, Umweltaufgaben, Kartografie oder die Hafensicherheit zu realisieren.

4.4 Soziale Infrastruktur

4.4.1 Schulen

z.B. Planen, Finanzieren, Bauen und Betrieb von

- Grund-, Haupt-, Realschulen und Gymnasien
- Integrierten Gesamtschulen
- Berufsbildenden Schulen
- Sonderschulen
- Bildungsstätten des öffentlichen Dienstes
- Fachoberschulen
- Hochschulen, Universitäten

Durchweg gilt in Deutschland, dass der Staat (hier die Länder) für das Schulwesen verantwortlich ist und dass die kommunale Ebene als Schulträger die sachlichen Voraussetzungen für die Durchführung des Schulwesens schaffen und erhalten muss. Das System der Finanzierung unterscheidet sich allerdings von Land zu Land, z.B. bei der Höhe und inhaltlichen Zweckbestimmung von Finanzhilfen für Schulneubau und -unterhaltung. Es gibt ferner eine große Zahl an Sonderregelungen z.B. für Fach- und Sonderschulen. Rechtlich gibt es keine wesentlichen Hindernisse, Schulen privat zu errichten und baulich zu betreiben. Eine Übernahme aller Aufgaben der öffentlichen Schulen durch Private, also insbesondere auch der Lehrtätigkeit in öffentlichem Auftrag, ist in den Landesschulgesetzen allerdings nicht vorgesehen. Generell ist ein deutlicher Sanierungsbedarf im Schulbestand festzustellen. Das Difu rechnet mit Ersatzinvestitionen von 2000 bis 2009 von rund 20 Mrd. € alleine in Westdeutschland, wovon 17,28 Mrd. € auf Baumassnahmen und 2,72 Mrd. € auf Ausrüstungen entfallen. Bau und Unterhaltung der Hochschulen ist grundsätzlich Sache der Länder. Ihnen fließen dafür nicht unerhebliche Mittel des Bundes zu. Der Wissenschaftsrat geht für den Bereich Hochschulen von einem Investitionsbedarf von 15,34 Mrd. € aus.

Marktpotenzial

Kommunaler Investitionsbedarf im Schulbereich 2000 - 2009 [1]	Alte Bundesländer	Neue Bundesländer	Deutschland	
	in Mrd. DM	in Mrd. DM	in Mrd. DM	*in Mrd. EUR*
Erweiterungsbedarf	55,0	14,5	69,5	*35,5*
Bauten	35,5	9,1	44,6	*22,8*
Ausstattung ohne Computer	2,2	1,2	3,4	*1,7*
Ausstattung mit Computer	17,3	4,2	21,5	*11,0*
Ersatzbedarf	72,7	10,7	83,4	*42,6*
Bauten	63,6	10,2	73,8	*37,7*
Ausstattung	9,1	0,5	9,6	*4,9*
Finanzinvestitionen	2,0	0,1	2,1	*1,2*
insgesamt	129,7	25,3	155,0	*79,3*

[1] Der Investitionsbedarf bis zum Jahr 2009 beträgt in den alten Bundesländern 129,7 Mrd. DM, in den neuen Bundesländern 25,3 Mrd. DM, insgesamt also 155,0 Mrd. DM oder 79,3 Mrd. €.

Tabelle 13: Kommunaler Investitionsbedarf im Schulbereich 2000 - 2009

Quelle: Difu

Anmerkungen und Bewertungen

Auf Grund des hohen Sanierungsbedarfes an Schulen und der hohen Bedeutung des Handlungsfeldes bei kommunalen Entscheidungsträgern wird ein großes Marktpotenzial für Kooperationen unter Beteiligung mittelständischer Bauunternehmen bei der privatwirtschaftlichen Realisierung gesehen. Erste Projekte, zum Beispiel im Landkreis Offenbach sowie in Nordrhein-Westfalen, wurden begonnen.

4.4.2 Kindertagesstätten, Jugend- und Altenhilfe

z.B. Planen, Finanzieren, Bauen und Betrieb von

- Kinderkrippen
- Kindergärten, -horten
- Jugendhäusern, Jugendfreizeitheimen
- Jugenderholungsheimen
- Einrichtungen der Jugendfürsorge
- Altenheimen, Altentageseinrichtungen
- Werkstätten für Behinderte

Bei den Aufgaben handelt es sich zum Teil um Pflichtaufgaben der kommunalen Selbstverwaltung, z.B. bei der Bereitstellung von Kindergartenplätzen handelt es sich nach § 24 KJHG und den Landeskindergartengesetzen um eine Aufgabe der Daseinsvorsorge der Kommunen unter Beachtung des Subsidiaritätsprinzips. Der von der Bundesregierung gesetzlich verankerte Rechtsanspruch auf einen Kindergartenplatz für alle Kinder, die das dritte Lebensjahr vollendet haben und noch nicht schulpflichtig sind, hat in den alten Bundesländern in den letzten Jahren zu einem erheblichen Neubau von Kindergartenplätzen geführt. In den neuen Ländern führte die Überversorgung in vielen Kommunen zu einem Abbau von Kindergartenplätzen und teilweise zu einer Übertragung auf freie Träger. Bei den Alteneinrichtungen werden durch die in den nächsten Jahren drastisch ansteigende Zahl von älteren Personen rund 100.000 neue Plätze benötigt. Die KfW und das Difu schätzen insgesamt den Gesamtbedarf an Sachinvestitionen 2000 bis 2009 auf 25 Mrd. €. Davon sollen die Kommunen in den alten Ländern 10 % und in den neuen Ländern 15 % übernehmen.

Marktpotenzial

Kommunaler Investitionsbedarf im Bereich Kindertagesstätten 2000 - 2009	Alte Bundesländer in Mrd. DM	Neue Bundesländer in Mrd. DM	Deutschland in Mrd. DM	Deutschland *in Mrd. EUR*
Neubaubedarf	1,3	1,0	2,3	*1,1*
Ersatzbedarf	3,0	5,9	8,9	*4,6*
Finanzinvestitionen	2,0	0,6	2,6	*1,3*
insgesamt	6,3	7,5	13,8	*7,1*

Tabelle 14: Kommunaler Investitionsbedarf im Bereich Kindertagesstätten 2000 - 2009

Quelle: Difu

Anmerkungen und Bewertungen

Aufgrund des hohen Bedarfes an Kindergärten und Alteneinrichtungen werden Chancen für Kooperationen unter Beteiligung mittelständischer Bauunternehmen bei der privatwirtschaftlichen Realisierung gesehen. Beispiele für privatwirtschaftlich realisierte Kindergärten durch mittelständische Bauunternehmen, die allerdings nur den baulichen Betrieb mit umfassen, sind z.B. in Nordrhein-Westfalen realisiert. Als zusätzliche Aufgaben und Leistungen könnten die originäre Aufgabenübernahme sozialer Einrichtungen realisiert werden. Es gibt Beispiele, bei denen soziale Einrichtungen von Bauträgern in Kooperation mit freien Trägern betrieben werden. Dies gilt besonders für Einrichtungen der Altenhilfe.

4.4.3 Sportanlagen, Bäder, Freizeit- und kulturelle Einrichtungen

z.B. Planen, Finanzieren, Bauen und Betrieb von

- Sporthallen
- Sportplätzen, Stadien
- Schwimmhallen
- Freibädern
- Museen
- Theatern
- Bürgerhäusern, Stadthallen, DGHs
- Großveranstaltungsarenen
- Freizeitanlagen (Hochbau und Freianlagen), Spielplätzen
- Tierparks, Zoos
- Wanderwegen, touristischen Einrichtungen

Hierbei handelt es sich fast ausschließlich um freiwillige Aufgaben der kommunalen Selbstverwaltung, meist der Kommunen, bei denen es keine rechtlichen Einschränkungen bezüglich der privatwirtschaftlichen Realisierung gibt.

Marktpotenzial

Kommunaler Investitionsbedarf im Bereich Sport 2000 - 2009[1]	Alte Bundesländer	Neue Bundesländer[2]	Deutschland	
	in Mrd. DM	in Mrd. DM	in Mrd. DM	*in Mrd. EUR*
Neubaubedarf[3]	6,0	4,4	10,4	*5,3*
Ersatzbedarf[3]	17,0	3,0	20,0	*10,2*
Finanzinvestitionen	0,9	0,3	1,2	*0,6*
insgesamt	23,9	7,7	31,6	*16,2*

[1] Berechnungen des Deutschen Instituts für Urbanistik und Deutscher Sportbund – DSB (Hrsg.)

[2] abzüglich der in den 90er Jahren getätigten Investitionen in den neuen Bundesländern

[3] Die Investitionen für Sporthallen werden hier nicht berücksichtigt, da sie überwiegend im Bereich Schulen enthalten sind.

Tabelle 15: Kommunaler Investitionsbedarf im Bereich Sport 2000 - 2009

Quelle: Difu

Anmerkungen und Bewertungen

Grundsätzlich können Kooperationen unter Beteiligung mittelständischer Bauunternehmen bei der privatwirtschaftlichen Realisierung von Teilbereichen im Handlungsfeld tätig werden. Auf Grund des hohen Bedarfes werden Chancen insbesondere im Bereich des Bauens und Betreibens von Sportstätten und im Bereich der Sanierung und Betreibung von Bädern gesehen. Beispiele sind für beide Bereiche vorhanden.

4.4.4 Gesundheitswesen

z.B. Planen, Finanzieren, Bauen und Betrieb von

- Krankenhäusern
- Landeskrankenhäusern, Psychiatrischen Anstalten
- Kureinrichtungen
- Rettungswesen

Die Gesundheitsfürsorge ist eine Pflichtaufgabe der kommunalen Selbstverwaltung, deren Umsetzung auf private Träger übertragen werden kann. Die Anzahl der Krankenhäuser und deren Bettenzahl hat in den letzten Jahren kontinuierlich abgenommen. Gleichzeitig reduzierte sich der Anteil der Krankenhäuser in öffentlicher Trägerschaft zugunsten freigemeinnütziger und privater Träger. Die Investitionen in die kommunalen Krankenhäuser sind relativ konstant. In den neuen Bundesländern gab es nach einer Anlaufphase relativ hohe Bauinvestitionen durch die Sanierung und den Neubau von Krankenhäusern, die allerdings seit 1997 rückgängig sind.

Marktpotenzial

Kommunaler Investitionsbedarf im Krankenhausbereich 2000 - 2009	Alte Bundesländer in Mrd. DM	Neue Bundesländer in Mrd. DM	Deutschland in Mrd. DM	*in Mrd. EUR*
Neubaubedarf	0,0	2,6	2,6	*1,3*
Ersatzbedarf	32,3	15,0	47,3	*24,2*
Finanzinvestitionen	1,0	0,2	1,2	*0,6*
insgesamt	33,3	17,8	51,1	*26,1*

Tabelle 16: Kommunaler Investitionsbedarf im Krankenhausbereich 2000 - 2009

Quelle: Difu

Anmerkungen und Bewertungen

Grundsätzlich können Kooperationen unter Beteiligung mittelständischer Bauunternehmen bei der privatwirtschaftlichen Realisierung von Teilbereichen im Handlungsfeld tätig werden, wobei sich die Aufgabenübernahme auf den Bau und baulichen Betrieb beschränken dürfte.

Aufgrund der Komplexität der Aufgaben und des eher zurückgehenden Bedarfes werden allerdings keine großen Chancen in diesem Handlungsfeld gesehen.

4.5 Verwaltungsgebäude und sonstige Gebäude für spezielle Verwaltungszwecke

z.B. Planen, Finanzieren, Bauen und Betrieb von

- Rathäusern, Landratsämtern
- Kfz-Zulassungsstellen
- Bundesbehördenhäusern, Landesbehördenhäusern
- Finanzämtern
- Ministerien
- Arbeitsämtern
- Einrichtungen der kommunalen Wirtschaftsförderung
- Polizeistationen
- BGS-Unterkünften und Einrichtungen
- Gerichten
- Gefängnissen
- Feuerwehrgerätehäusern
- Anlagen des Zivil- und Katastrophenschutzes
- Untersuchungsämtern sowie sonstigen Spezialgebäuden

Es gibt nur geringe rechtliche Einschränkungen beim Bau und baulichen Betrieb von Verwaltungsgebäuden durch Private für die öffentliche Hand. Die Einschränkungen betreffen nur Gebäude mit höchster Sicherheitsrelevanz (z.B. Gefängnisse, Verfassungsschutz).

Es gibt eine große Anzahl und Vielfalt von öffentlichen Aufgaben, die in diesen Gebäuden erledigt werden. Es gibt aber deutliche Unterschiede bei der baulichen Typologie und bei Anforderungen aus dem Betrieb (offene Bürgerbezogenheit bei Rathäusern und Sicherheitsaspekte bei Ministerien). Ferner gibt es spezielle Funktionsgebäude, insbesondere bei baulichen Anlagen für Justiz, Polizei und öffentliche Sicherheit und Ordnung. Auf Grund der allgemeinen Reduzierung des Personalbestandes in den öffentlichen Verwaltungen werden eher bauliche Ersatz- als Neubauinvestitionen im Vordergrund stehen.

Marktpotenzial

Geschätzter Investitionsbedarf für kommunale Verwaltungsgebäude 2000 - 2009	Alte Bundesländer in Mrd. DM	Neue Bundesländer in Mrd. DM	Deutschland in Mrd. DM	*in Mrd. EUR*
bauliche Neuinvestitionen	2,8	0,8	3,6	*1,8*
Bauersatzinvestitionen (einschließlich Modernisierungszuschlag) bezogen auf eine mittlere Nutzungsdauer von 50 Jahren	8,0	2,4	10,4	*5,3*
kommunikationstechnische Ausstattung der Büroarbeitsplätze	17,8	4,9	22,7	*11,6*
geschätzter Investitionsbedarf für Verwaltungsgebäude insgesamt	28,6	8,1	36,7	*18,8*

Tabelle 17: Geschätzter Investitionsbedarf für kommunale Verwaltungsgebäude 2000 - 2009

Quelle: Difu

Anmerkungen und Bewertungen

Die privatwirtschaftliche Realisierung von Verwaltungsgebäuden und sonstigen Gebäuden für spezielle Verwaltungszwecke durch Kooperationen mit Beteiligung mittelständischer Bauunternehmen hat eine längere Tradition. Das Finanzamt Wolfenbüttel oder das Rathaus Nettetal gehörten zu den ersten Hochbauten, die von Kooperationen mittelständischer Bauunternehmen geplant, finanziert, gebaut und baulich betrieben wurden. Es bestehen gute Chancen der privatwirtschaftlichen Realisierung weiterer Verwaltungsgebäude, insbesondere bei der Sanierung und beim baulichen Betrieb, durch Kooperationen mit Beteiligung mittelständischer Bauunternehmen. Es ist allerdings insgesamt mit einem abnehmenden Investitionsbedarf zu rechnen. Im Bereich der privatwirtschaftlichen Realisierung von Gefängnissen sind weitere Chancen für mittelständische Bauunternehmen zu sehen, allerdings ist auf Grund der Größe und Komplexität der Aufgabe mit starker Konkurrenz größerer Unternehmen zu rechnen.

4.6 Wohngebäude, Unterkünfte

z.B. Planen, Finanzieren, Bauen und Betrieb von

- Bundeswohnungen
- Landeswohnungen
- Gemeindewohnungen
- Obdachlosenunterkünften
- Flüchtlingsunterkünften

Der Bau von Wohngebäuden ist keine öffentliche Aufgabe mehr (mit Ausnahme der Obdachlosenfürsorge und Flüchtlingsunterkünfte). Eine Privatisierung des öffentlichen Wohnungsbestandes ist rechtlich möglich, weil die besonderen Interessen und Verantwortlichkeiten der öffentlichen Hand durch Belegungsrechte gesichert werden können. Der Investitionsbedarf im kommunalen Wohnungsbau ist beträchtlich, wobei es deutliche Unterschiede zwischen den alten und neuen Bundesländern gibt. Der Anteil der Wohnungen im Eigentum kommunaler Wohnungsgesellschaften betrug 1998 in den alten Bundesländern 4,3 % und in den neuen Bundesländern 18,7 %, was insgesamt 2,61 Mio. Wohnungen entspricht. Dementsprechend unterschiedlich hoch ist der Investitionsbedarf für Modernisierung, Ersatzbauten und zusätzliche Wohnungen.

Marktpotenzial

Geschätzter Investitionsbedarf für kommunalen Wohnungsbau 2000 - 2009	Alte Bundesländer	Neue Bundesländer	Deutschland	
	in Mrd. DM	in Mrd. DM	in Mrd. DM	*in Mrd. EUR*
Modernisierung	17,9	52,0	69,9	*35,7*
Ersatzbauten	2,6	6,2	8,8	*4,5*
zusätzliche Wohnungen	9,3	0,6	9,9	*5,1*
Finanzinvestitionen	0,8	2,9	3,7	*1,9*
insgesamt	30,7	61,6	92,3	*47,3*

Tabelle 18: Geschätzter Investitionsbedarf für kommunalen Wohnungsbau 2000 - 2009

Quelle: Difu

Anmerkungen und Bewertungen

Grundsätzlich können Kooperationen unter Beteiligung mittelständischer Bauunternehmen bei der privatwirtschaftlichen Realisierung von Teilbereichen im Handlungsfeld tätig werden, wobei sich aber kaum Potenziale ergeben werden, da die wesentlichen Bereiche z.B. von Wohnungsunternehmen mit kommunaler oder staatlicher Beteiligung bearbeitet werden.

4.7 Sonstiges

4.7.1 Verteidigungsanlagen

z.B. Planen, Finanzieren, Bauen und baulicher Betrieb von

- Kasernen
- Schießständen
- Lagern
- Werkstätten
- Hallen
- Standortübungsplätzen

Die Verteidigungsaufgabe des Bundes ist eine hoheitliche Aufgabe. Die eigentliche Aufgabe ist nicht privat realisierbar; Teilaufgaben können unter Beachtung von Sicherheitsaspekten privatwirtschaftlich realisiert werden. Die Bundesregierung hat am 14. Juni 2000 die Bundeswehrreform beschlossen, zu der ein weitgehendes Outsourcing aller nicht zum militärischen Kernbereich gehörenden Dienstleistungen gehört. Dies soll in Kooperation mit der Wirtschaft geschehen.

Anmerkungen und Bewertungen

Vorgelagerte Aufgaben wären Planungsaufgaben in Bezug auf bauliche Anlagen. Diese werden gegenwärtig überwiegend von den Staatsbauämtern bzw. Landesliegenschaftsgesellschaften durchgeführt. Alle Bauaufgaben werden privatwirtschaftlich realisiert. Es ist auch möglich, das gesamte Liegenschaftswesen der Bundeswehr zu privatisieren, also auch die Bauherren- bzw. Eigentümerfunktion. Der bauliche Betrieb und die „kleine" Unterhaltung wird von den Standortverwaltungen durchgeführt; größere Sanierungsmaßnahmen von der Staatsbauverwaltung mit privaten Unternehmen in der Ausführung. Einzelne Leistungen können privatwirtschaftlich realisiert werden, wie z.B. Kantine, Werkstattleistungen oder evtl. das gesamte Fahrzeugmanagement.

4.7.2 Sonstige bauliche und nichtbauliche Anlagen und Aufgaben

z.B. Planen, Finanzieren, Bauen und Betrieb von

- Parks, Grünanlagen
- Denkmälern, Springbrunnen
- Friedhöfen, Friedhofshallen
- Stadtgärtnereien
- Öffentlichen Bedürfnisanstalten

Anmerkungen und Bewertungen

Parks, Grünanlagen und ihre Ausstattung können (wohl meist im Auftrag des Bedarfträgers Kommune) privatwirtschaftlich errichtet und unterhalten werden. In Großstädten sind Grünanlagen in Kombination mit Veranstaltungsträgerschaft erwerbswirtschaftlich möglich (Tivoli). Das Betreiben eines öffentlichen Friedhofs (Verwalten, Grabaushub, Grünpflege) einschließlich einer öffentlichen Leichenhalle kann in vielen Ländern unter Beachtung des Friedhofsrechts privatwirtschaftlich realisiert werden; Ausnahmen z.B. Freie und Hansestadt Hamburg. Das Bestattungswesen selbst ist ohne eine Änderung des Rechts nicht privatisierbar. Stadtgärtnereien sind schon oft „outgesourct“. Bedürfnisanstalten können privatwirtschaftlich errichtet und betrieben werden.

4.7.3 Baulandentwicklung, Gesamterschließung, Entwicklungsprojekte

Die Steuerung der baulichen Entwicklung ist Aufgabe der kommunalen Selbstverwaltung. Wesentliches Instrument ist die Bauleitplanung. Die Umsetzung erfolgt im Wesentlichen durch Bodenordnung, Erschließung oder städtebauliche Erneuerung. Bei allen Maßnahmen und Instrumenten ist eine weitgehende Einbindung Privater rechtlich möglich oder sogar erforderlich. Bestimmte Instrumente sind speziell für die privatwirtschaftliche Initiative geschaffen worden, wie z.B. der Vorhaben- und Erschließungsplan, der die Schaffung vorhabenbezogenen Planungsrechts in weitgehender privater Verantwortung ermöglicht (§ 12 BauGB). Nur hoheitliche Kompetenzen, z.B. Satzungsbeschlüsse, bleiben dann bei den kommunalen Körperschaften.

Anmerkungen und Bewertungen

Dieses Geschäftsfeld ist eher durch die Übernahme umfangreicher vorgelagerter Leistungen geprägt als durch die Übernahme langandauernder Betreiberleistungen. Als vorgelagerte Aufgaben sind z.B. umfangreiche Abstimmungsleistungen und Planungen zu sehen. Für größere Entwicklungsmaßnahmen und Sanierungen kann ein besonderes Städtebaurecht genutzt werden.

Bei einer privatwirtschaftlichen Realisierung muss ein aufeinander abgestimmtes Vertragswerk (z.B. Durchführungsvertrag, Erschließungsvertrag) unter Beachtung finanzwirtschaftlicher Aspekte des Investors und der Kommune abgeschlossen werden. Die eigentlichen Bauaufgaben wären z.B. der Bau von Erschließungsanlagen. Zum baulichen Betrieb zählen die Unterhaltung und der Betrieb der Bauwerke und Erschließungsanlagen. Privatwege, die in der Hand des Investors oder der Eigentümer der erschlossenen Grundstücke verbleiben, haben ein System von privatrechtlichen und öffentlich-rechtlichen Dienstbarkeiten zur Voraussetzung. Auch muss die Tragung der Folgekosten geregelt werden.

Es ist geeignet für mittelständische Bauunternehmen mit Bauträgererfahrung und auch als Kooperationsmodell mit einer Kommune möglich. Hemmnisse ergeben sich daraus, dass Erschließungsanlagen allein keine „Vorhaben" sind. Dieses Aufgabenfeld bietet den privaten Anbietern die Möglichkeit, sich nicht nur durch Preisvorteile, sondern durch Produktdifferenzierung und innovative Problemlösungen im Wettbewerb hervorzuheben. Die öffentliche Hand hat als Anbieter oft den Nachteil, alle Bürger „gleich" behandeln zu müssen. So ist z.B. das Anbieten von unterschiedlichem „Erschließungskomfort" für die öffentliche Hand kritisch, für einen privaten Anbieter bei entsprechend differenzierter Preisgestaltung dagegen völlig unproblematisch.

5 Wesensmerkmale von Kooperationsformen für PPP mit KMU-Beteiligung

5.1 Kategorien von PPP und Grad der formellen Institutionalisierung

PPP-Projekte können auf verschiedene Art und Weise organisiert werden. Heinz[40] unterscheidet nach dem Grad der formellen Institutionalisierung drei mögliche Kategorien von öffentlich-privaten Partnerschaften:

- Eher informelle Kooperationsformen sowie Vorformen partnerschaftlicher Zusammenarbeit
- auf gemeinsam ausgehandelten Verträgen und/oder Vereinbarungen basierende Kooperationen oder sogenannte kontraktbestimmte Kooperationen sowie
- Zusammenschluss öffentlicher und privater Akteure in langfristig angelegten gemeinsamen Gesellschaften (oder auch in so genannten gemischtwirtschaftlichen, in der Regel als Kapitalgesellschaft ausgebildeten Unternehmen).

Kruzewicz[41] wählt als Einteilung eine Typisierung in primär informations- und kommunikationsorientierte sowie primär handlungsorientierte Kooperationen und weist darauf hin, dass zwischen den skizzierten Typen fließende Übergänge bestehen.

In diesem Sinne ist die vorgenommene Kategorisierung nicht als strenges Klassifikationsschema gedacht, sondern soll lediglich der Einordnung von möglichen Beispielen für Arbeitsfelder und der Einordnung der Anforderungen an Kooperationen unter Beteiligung mittelständischer Bauunternehmen bei der privaten Realisierung öffentlicher Aufgaben dienen. Da in dieser Untersuchung der Fokus nicht auf der Kooperation zwischen öffentlichen und privaten Akteuren, sondern auf der vertikalen Zusammenarbeit der privaten Akteure liegt, wird die Kategorisierung auf diese Gruppe heruntergebrochen, d.h. vertikale Kooperationen auf der privaten Seite werden nach dem Grad ihrer formellen Institutionalisierung unterschieden. Der Übergang zwischen den einzelnen Typen ist dabei fließend, so können informelle Kooperationsformen durchaus formelle Vereinbarungen beinhalten und kontraktbestimmte Kooperationen z.B. in der Bieterphase als BGB-Gesellschaften auftreten.

[40] Heinz, Werner (Hrsg.): Public Private Partnership ein neuer Weg zur Stadtentwicklung. Stuttgart, 1993.

[41] Kruzewicz, Michael; Schuchardt, Wilgert: Public-Private Partnership – neue Formen lokaler Kooperationen in industrialisierten Verdichtungsräumen. In: Der Städtetag, 12/1989, S. 761-766.

5.1.1 Informelle Kooperationsformen

Bei informellen Kooperationsformen binden die Kooperationspartner in der Regel ihre Ressourcen nicht formell oder übertragen sie in eine gemeinsame Gesellschaft, sondern setzen Ressourcen koordiniert, aber individuell ein. Es handelt sich dabei um einen informations- und kommunikationsorientierten Zusammenschluss von privaten Akteuren in Form einer auf Dauer angelegten organisierten Struktur, ohne explizite vertragliche Bindungen. Eine informelle Kooperation geht also z.B. über die lose Verbindung im Rahmen von persönlichen Bekanntschaften und Beziehungen zu Geschäftsfreunden hinaus; die Kooperationspartner sind aber weniger stark aneinander gebunden als Gesellschafter eines Unternehmens. Die Bildung einer informellen Kooperation beinhaltet die Formulierung von Zielen, die Einrichtung einer Organisation und die regelmäßige Optimierung des Zusammenschlusses, wobei durchaus auch Rechte und Pflichten formell vereinbart werden können. Informelle Kooperationsformen bieten sich für mittelständische Bauunternehmen z.B. für den Erfahrungs- und Informationsaustausch an. Bevor man daran denkt, beträchtliches Kapital in einer formellen Partnerschaft z.B. in Form einer Projektgesellschaft zu binden und damit zu riskieren, macht es oftmals Sinn, erst einmal im informellen Rahmen zu kooperieren. Ein Grund für die Beteiligung mittelständischer Unternehmen an einer informellen Kooperation wäre, dass durch das geschickte gegenseitige Prüfen und den Aufbau intensiver Beziehungen ungeeignete Konstellationen von Partnern schon im Vorfeld vermeiden werden können. Zusätzlich kann durch eine informelle Kooperation der Weg zum Erfolg einer formellen Partnerschaft, z.B. in einer Projektgesellschaft zur Durchführung von privatwirtschaftlich realisierten Projekten, durch Aktivitäten im Vorfeld geebnet werden.

Ein wichtiges Ziel von informellen Kooperationen für PPP kann die Schaffung von Marktübersicht sein, welche es den beteiligten mittelständischen Bauunternehmen ermöglicht, die einzelnen Arbeitsgebiete in dem beobachteten Markt näher kennen zu lernen und die eigenen Aktivitäten darauf abzustellen, um hier Aufträge zu akquirieren. Weiterhin erhält man einen Überblick über die Größe dieses (Teil-)Marktes, der letztlich auch einen Rückschluss zulässt, wie hoch die Chancen des einzelnen Unternehmens oder der Kooperation sind, Teile dieses Marktes zu erobern, bzw. langfristig in diesem Markt aktiv zu sein. Darüber hinaus bietet eine Marktübersicht die Möglichkeit zur Erkennung von lokalen Marktpotenzialen, so dass auch die lokale Schwerpunktsetzung einer Kooperation dazu führen kann, größere Anteile am Markt zu erhalten. Durch den Austausch von Erfahrungen, Kenntnissen und die gemeinsame Nutzung von Referenzen zwischen Partnerunternehmen kann erreicht werden, dass die Firmen gemeinsam einen Marktzugang erreichen, der jeder einzelnen Firma nicht möglich gewesen wäre. In diesem Sinne können auch Entwicklungs- und Systempartnerschaften z.B. zwischen mittelständischen Bauunternehmen und Dienstleistern in der Anfangsphase als informelle

Kooperation gestaltet werden. Sobald die Partnerschaft von der eher informations- und kommunikationsorientierten Phase in die konkrete Systementwicklung übergeht, werden eindeutig ausgehandelte Verträge bzw. Vereinbarungen notwendig. Ein weiteres Ziel informeller Kooperationen kann die gegenseitige Kompetenzergänzung sein. Beispielsweise kann ein Kooperationspartner über lokale Kompetenz verfügen, das heißt z.B. eine Niederlassung in einer „privatisierungswilligen" Kommune haben und ein anderer Kooperationspartner eine bestimmte Schlüsselkompetenz zur Erschließung des Marktes besitzen, welche die lokal ansässige Firma nicht einbringen kann. Gemeinsam kann dann eine Markterschließung möglich werden. Bei der Bildung von informellen Kooperationen ist sicherlich auch die Kostenteilung ein Thema. Beobachten und Erschließen eines neuen Marktes kostet Zeit und Geld. Wenn die Aktivität, die dazu erforderlich ist, für alle Kooperationspartner einen ähnlich hohen Nutzen erbringt, können die durch die gemeinsame Aktivität entstandenen Kosten entsprechend geteilt werden. Mit der Bildung einer informellen Kooperation ist man an weiteren Standorten vertreten und hat damit regional einen stärkeren Einfluss. Um Projekte im Bereich der privatwirtschaftlichen Realisierung öffentlicher Aufgaben zu akquirieren, ist es von entscheidender Bedeutung, Kontakte zur öffentlichen Hand zu schaffen, das heißt insbesondere Kontakte zu Kommunen zu suchen und zu finden. Dazu ist wiederum die lokale Kompetenz des einzelnen Mitglieds von ausschlaggebender Bedeutung.[42] Gehen die Aktivitäten der informellen Kooperation über die Phasen der Markterkundung und -erschließung in die eigentliche Akquisition und Aufgabenrealisierung über, empfiehlt es sich zur Aufteilung der Chancen und Risiken eine mehr formelle Partnerschaft einzugehen. Ohne eine formelle Partnerschaft wird auch die Projektfinanzierung gefährdet sein oder es werden zumindest Risikoaufschläge bei den Finanzierungskosten zu erwarten sein. Der Übergang zur kontraktbestimmten Kooperation wird in der Regel während der Bieterphase erfolgen, der genaue Zeitpunkt muss im Einzelfall anhand der Größe und Komplexität der zu übernehmenden Aufgabe entschieden werden.

Die Mitglieder des Bieterkonsortiums werden in der Regel einen Vorvertrag erstellen, der z.B. die Rolle der jeweiligen Firma im Projekt, die Aufteilung der Angebotskosten, den Entwurf einer Projektstruktur sowie ein Vertraulichkeitsabkommen enthält. Zum Bieterkonsortium sollten bereits alle für die Effizienz des Gesamtprojekts wichtigen Know-how-Träger gehören.

[42] Vgl. Rationalisierungs- und Innovationszentrum der Deutschen Wirtschaft (RKW) (Hrsg.): Bauen + Dienstleisten – Neue Aufgaben für mittelständische Bauunternehmen. Eschborn, 1999.

5.1.2 Kontraktbestimmte Kooperationen

Unter kontraktbestimmten Kooperationen werden alle vertraglich verfestigten Partnerschaften verstanden, bei denen im Rahmen von PPP keine auf Dauer angelegte, speziell auf das Projekt bezogene gemeinsame Gesellschaft gegründet wird.

Typische kontraktbestimmte Kooperation wären GU-Sub-Verhältnisse (Werkverträge), ARGEN bzw. Dach-ARGEN (BGB-Gesellschaften) oder alle vertraglich determinierten Partnerschaften außerhalb einer Projektgesellschaft.

Eine besondere Form der Zusammenarbeit, ist die Bildung von mittelständischen Arbeitsgemeinschaften in Form einer Dach-ARGE. Diese kann auch innerhalb der in einer Projektgesellschaft zusammengeschlossenen mittelständischen Bauunternehmen erfolgen.

Aus rechtlicher Sicht besteht zwischen der normalen ARGE und der Dach-ARGE im Verhältnis zum Auftraggeber (Außenverhältnis) kein Unterschied. Beide Arbeitsgemeinschaftsformen übernehmen zunächst einen gesamten Auftrag über die Durchführung einer Bauleistung in seiner Gesamtheit, d.h., sie werden im Außenverhältnis rechtlich und wirtschaftlich wie ein Einzelunternehmen bzw. GU behandelt. Die Arbeitsgemeinschaft (normale ARGE/Dach-ARGE) schließt mit dem Auftraggeber i.d.R. einen Werkvertrag gemäß § 631 BGB ab.

Die Unterschiede zwischen den beiden Arbeitsgemeinschaftsformen werden erst im Innenverhältnis, d.h. im Verhältnis der beteiligten Unternehmen untereinander, deutlich und spürbar.

Während bei der normalen ARGE die Beitragspflichten der Gesellschafter in der Beistellung von Geldmitteln, Personal, Geräten, Stoffen und sonstigen Leistungen – entsprechend der im Innenverhältnis getroffenen Vereinbarungen – bestehen, erfüllen die Gesellschafter einer Dach-ARGE ihre Beitragspflicht aus dem Gesellschaftsvertrag in Form ihrer selbständigen und eigenverantwortlichen Bauleistung für das jeweilige Einzellos.

Die Bauleistung entsteht somit nicht mehr, wie bei einer normalen ARGE, als Ergebnis gemeinschaftlicher Bauausführung durch die Gesellschafter, sondern dadurch, dass die mit dem Bauauftrag übertragenen Bauleistungen im Innenverhältnis der Dach-ARGE aufgeteilt und mittels gesonderter Nachunternehmerverträge i.d.R. in vollem Umfang an die Gesellschafter der Dach-ARGE weitergeleitet werden.[43]

Zu den vertraglich determinierten Partnerschaften außerhalb einer Projektgesellschaft können z.B. in der Phase der Konzeption und Bedarfsermittlung Beratungsunternehmen gehören. In der Planungsphase können dazu planende Büros wie Architektur- und Ingenieurbüros sowie Makler zur Vermittlung von benötigten Grundstücken gehören. In der beginnenden Projektierung könnten Rechtsanwälte, Wirtschaftsprüfer, Steuerberater und Versicherungen hinzugezogen werden. In der Betriebsphase könnten kontraktbestimmte Kooperationen mit Betreibergesellschaften, z.B. Firmen im Gebäudemanagement, soweit sie nicht direkt in die Projektgesellschaft eingebunden sind, geschlossen werden, während in der später folgenden Phase der Umnutzung wiederum Bedarfsermittler und dann für Umbau bzw. Abbruch des Objektes Recyclingunternehmen eingebunden werden könnten. Für die Neuverwendung des Grundstückes würden wiederum Makler benötigt.

Bei der Kooperation mit Planern ist zu beachten, dass ein Architekt, der als freier Architekt tätig ist und bleiben will, keine wirtschaftliche Kooperation mit Unternehmen eingehen kann. Wünscht der Kunde einen einzigen Vertragspartner, kann der Planer nur als Auftragnehmer der Projektgesellschaft aktiv werden.

5.1.3 Gemeinsame Gesellschaften

Eine besondere Form des Zusammenschlusses ist die Projektgesellschaft. Das ist die übliche Form, wenn Aufgaben der öffentlichen Hand in ihrer Gesamtheit, wie beim so genannten Betreibermodell, übernommen werden. Die Projektgesellschaft, in der Regel eine Kapitalgesellschaft, ist eine "Special Purpose Company", das heißt, ihr Geschäftszweck ist die Planung, Finanzierung, Errichtung und der Betrieb eines einzelnen Bauobjektes bzw. der Infrastruktur. Die Projektgesellschaft schließt dafür alle notwendigen Verträge ab, die für den Bau und den Betrieb der Anlage notwendig sind. Dazu können zum Beispiel der Konzessionsvertrag, Bauvertrag, Beraterverträge, Verträge zum Betrieb der Anlage, Abnahmeverträge, Lieferverträge, Kreditverträge und Versicherungsverträge gehören. Gesellschafter der Projektgesellschaft können sowohl die mittelständischen Bauunternehmen und Betreiber und je nach Größe und Komplexität der Aufgabe auch Planer, Facility-Manager oder Finanziers sein. Auf Grund der langen Vertragslaufzeit sollte möglichst ein Betreiber mit in die Projektgesellschaft aufgenommen werden. Die Projektpartner stellen das Eigenkapital in Form von Geld oder Sach-

[43] Vgl. Rationalisierungs- und Innovationszentrum der Deutschen Wirtschaft (RKW) (Hrsg.): Stark im Markt! – Kooperationen in der Bauwirtschaft. Eschborn, 2000.

werten bereit. Als Absicherung der öffentlichen Hand gegen das Insolvenzrisiko der Projektgesellschaft kann zusätzlich ein Direktvertrag mit den Fremdkapitalgebern geschlossen werden. Bei der Gestaltung der Rechtsform der Projektgesellschaft wird man zwischen einer Kapitalgesellschaft (z.B. GmbH) und einer Personengesellschaft (z.B. GmbH & Co. KG) wählen. Bei zu erwartenden Anlaufverlusten wird man sich eher für eine Personengesellschaft entscheiden, denn die Verluste können dann von den Gesellschaftern geltend gemacht werden. Bei der GmbH ist dies so nicht möglich. Bei zu erwartenden Veräußerungsgewinnen zum Ende der Vertragslaufzeit bietet möglicherweise die GmbH Vorteile, da Veräußerungsgewinne dort oft nur einem reduzierten Steuersatz unterliegen[44]. Auf jeden Fall ist es empfehlenswert, die geeignete Rechtsform nach Beratung mit einem Steuerexperten zu bestimmen.

Auf Grund der unterschiedlichen Rolle der Kooperationspartner einerseits als Investoren und andererseits als Auftragnehmer der Projektgesellschaft kann es zu Interessenskonflikten kommen. In seiner Rolle als Auftragnehmer wird das mittelständische Bauunternehmen beispielsweise daran interessiert sein, einen möglichst lukrativen Vertrag über alle Bauleistungen zu erhalten; dagegen wird es in seiner Rolle als Investor der Projektgesellschaft daran interessiert sein, die Kosten für den Bau des Objektes möglichst niedrig zu halten. Einer einseitigen Interessenauslegung einzelner Kooperationspartner kann durch entsprechende Vertragsgestaltung (Gesellschaftervertrag) und Bestimmung der Entscheidungsstrukturen entgegengewirkt werden.

5.2 Organisationsmodelle

In der Praxis haben sich abhängig vom Umgang mit der Übertragung von Aufgaben und Risiken, der Vertragslaufzeit und dem gewünschten Grad der Einflussnahme der öffentlichen Hand verschiedene Organisationsmodelle als Handlungsalternativen herausgebildet.

Bei *Betreibermodellen* handelt es sich um öffentliche Bauvorhaben, bei denen neben der eigentlichen Bauaufgabe zusätzlich Aufgaben der Instandhaltung, Wartung oder sonstige Facility-Management-Aufgaben übertragen werden. Im Betreibermodell liegen sowohl das

[44] Zur steuerlichen Behandlung von GmbH's, KG's und GmbH's & Co. KG's vgl. Jacob, Dieter; Heinzelmann, Siegfried; Klinke, Dirk Andreas: Besteuerung und Rechnungslegung von Bauunternehmen und baunahen Dienstleistern. In: Jacob, Dieter; Ring, Gerhard; Wolf, Rainer (Hrsg.): Freiberger Handbuch zum Baurecht, Bonn/Berlin, 2001, § 15, S. 1083-1191, § 15, Kapitel E und F, S. 1083 ff. (Randnummern 340-437) sowie die in Bearbeitung befindliche 2. Auflage, die 2003 erscheint.

finanzielle Risiko als auch die Betriebsverantwortung nahezu komplett in privater Hand. Man versteht hierunter durch private Unternehmen finanzierte, gebaute und selbst oder gemeinsam mit kommunalen Gebietskörperschaften betriebene Projekte, deren Nutzung gegen Entrichtung einer Gebühr ermöglicht wird. Das so genannte Mautmodell entspricht dem Betreibermodell, bezieht sich jedoch ausschließlich auf Verkehrsprojekte.

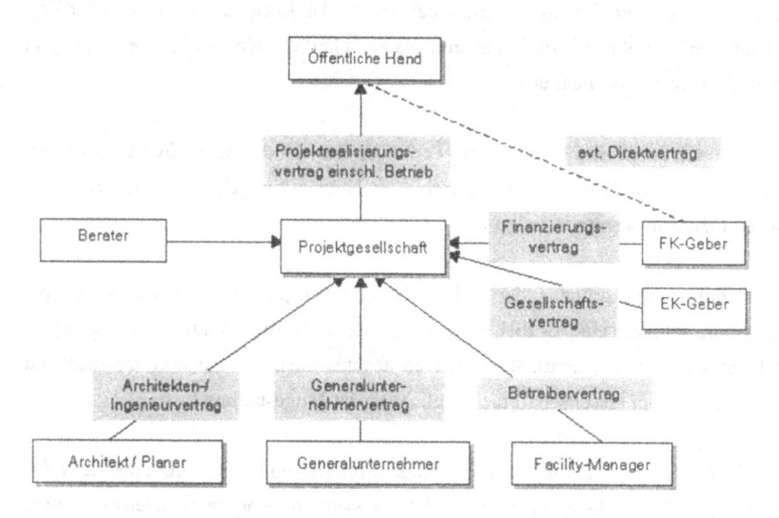

Abbildung 1: Leistungsstruktur beim Betreibermodell[45]

Das *B.O.T.-Modell (build, operate, transfer)* stellt eine Sonderform des Betreibermodells dar. Nach deutschem Verständnis handelt es sich hierbei um einen Mietkauf mit integrierten Planungs-, Betriebs- und Instandhaltungsleistungen.[46] Nach Ablauf einer vereinbarten Zeitspanne – meist gegen ein abschließendes Entgelt – geht das Objekt auf die öffentliche Hand über. Der Vorteil dieses Modells liegt darin, dass die öffentliche Hand alle Elemente der privatwirtschaftlichen Realisierung nutzt und nach Zeitablauf eine funktionsfähige Anlage übernimmt.

[45] Die Pfeilrichtung gibt an, an wen die Leistung erbracht wird. In Anlehnung an: Privatwirtschaftliche Realisierung öffentlicher Hochbauvorhaben (einschließlich Betrieb) durch mittelständische Unternehmen in Niedersachsen, a.a.O., S. 12.

[46] Vgl. PPP/PFI-Terminologie der PPP-Kanzler AG, 30.10.2001.

Das *Konzessionsmodell* als eine weitere Sonderform des Betreibermodells ist dadurch gekennzeichnet, dass das private Unternehmen bzw. die Projektgesellschaft das Projekt finanziert sowie realisiert und für die spätere Nutzung eine Konzession erhält. Anwendung findet dieses Modell hauptsächlich bei Infrastrukturvorhaben, welche mit längeren Bauzeiten verbunden sind. Durch die Forfaitierung besteht die Möglichkeit zur Nutzung von Kommunalkreditkonditionen. Auf Grund der Konzession erhält der Private das Recht, seine Kosten über Entgelte oder Gebühren von Nutzern zu finanzieren. Nach Ablauf des Konzessionsvertrages geht das Objekt an die öffentliche Hand über.

Eine weitere Sonderform sind *Contracting-Verträge*, bei denen Einzelinvestitionen mit Kostensenkungsfolgen im Betriebskostenbereich über Nutzungsentgelte bzw. aus ersparten Betriebskosten finanziert werden.

Beim *Kooperationsmodell* gründen der öffentliche und der private Partner eine Kooperationsgesellschaft, zumeist eine GmbH, die eine Leistung für die öffentliche Hand bereitstellt. Der Kommune werden sämtliche Aufgaben abgenommen, sie hat aber trotzdem auf Grund ihres Anteils an der Gesellschaft die Möglichkeit der Mitgestaltung.

Insbesondere beim Outsourcing von Teilaufgaben der öffentlichen Hand kommt das *Betriebsführungsmodell* zur Anwendung. Hierbei handelt es sich um eine reine Dienstleistungserbringung, deren Umfang vom jeweiligen Vertragsinhalt abhängig ist. Das private Unternehmen betreibt auf vertraglicher Basis gegen Entgelt Anlagen eines öffentlichen Aufgabenträgers in dessen Namen und Rechnung. Die öffentliche Hand bedient sich also zur Aufgabenerfüllung eines Dritten. Outsourcing hat oft eine Zerlegung von bisher ganzheitlichen „integrierten" öffentlichen Aufgaben als Voraussetzung und das Entstehen neuer „Schnittstellen" mit zu beachtenden Transaktionskosten zur Folge.

6 Managen von Kooperationen für PPP mit KMU-Beteiligung

Bei der privatwirtschaftlichen Realisierung öffentlicher Aufgaben sind die Aufgaben für beteiligte mittelständische Bauunternehmen deutlich umfangreicher und komplexer als bei der Abwicklung klassischer Hoch- oder Tiefbauprojekte. Es müssen deshalb in der Regel Kooperationspartner, die Aufgaben außerhalb der Kernkompetenzen der mittelständischen Bauunternehmen wahrnehmen können, wie z.B. Betreiber oder Finanziers, eingebunden werden. Eine wichtige Voraussetzung für das „Funktionieren" dieser Kooperationen ist das Aufteilen von Chancen und Risiken. Ein Ziel des Managen von Kooperationen ist dabei die Begrenzung der Risiken und eine gerechte Verteilung der Chancen und verbleibenden Risiken.

Unter Chancen sind dabei insbesondere pekuniäre Vorteile wie Gewinne, aber auch das Freisetzen von Effizienz- und Innovationspotenzialen z.B. durch Synergieeffekte zu verstehen. Beim „risk-sharing" muss in zwei Arten von Risiken unterschieden werden: das moralische Risiko „moral hazard" und das Unternehmerrisiko, unter dem wiederum ein ökonomisches und technologisches Risiko zu fassen ist.[47]

Das moralische Risiko bezieht sich auf die Möglichkeit, dass einer der Partner sich dazu verleitet sieht, eingegangene Verpflichtungen nicht zu erfüllen, bzw. das in Kooperationsbeziehungen notwendige Vertrauen einseitig ausnutzt. Das technologische Risiko beschreibt die Unsicherheit der technischen Machbarkeit; das ökonomische Risiko bezieht sich auf die Rentabilität einer Investition.

Die Chancen und damit Stärken der Kooperation bestehen vor allem in der Gleichrichtung von Interessen und in Synergieeffekten. Synergieeffekte basieren auf dem ökonomischen Tauschprinzip von Ressourcen des jeweiligen Partners, wobei diese sich nicht nur auf den notwendigen Input zur Durchführung des Vorhabens, sondern auch auf den Zugang zu neuen Märkten beziehen können.

Weitere Chancen liegen in den Größenvorteilen in der Produktion durch Kostendegression, den Effekten des voneinander Lernens, Beschleunigungseffekten, dem Abbau von Schnittstellen, der Qualitätssteigerung sowie der Erschließung von Know-how.

Ein großes Risiko und damit eine Schwäche der Kooperation können unterschiedliche Informationsgrade der Kooperationspartner sein, da einzelne Kooperationspartner dann von

---

[47] Lacasse, Wall: PPP in infrastructure provision – main issues and conclusion. In: OECD (Hrsg.): New ways of managing infrastructure provision, S. 7-25.

anderen übervorteilt werden können. Dieser Zustand wird auch als asymmetrische Informationsverteilung bezeichnet. Im Zusammenhang mit der asymmetrischen Informationsverteilung werden in der ökonomischen Theorie drei Arten von Risiken unterschieden: die negative Auslese, das moralische Risiko und die partnerschaftliche Investition.[48]

Die „negative Auslese“ beschreibt die Risikosituation, in der ein Partner z.B. Eignung, Qualität oder Seriosität des anderen nicht beobachten kann; man spricht in diesem Zusammenhang auch von „verstecktem Typus“ bzw. „hidden characteristic“, ein Risiko, welches insbesondere bei der Kooperationsinitiierung beachtet werden muss. Moralisches Risiko bedeutet in diesem Zusammenhang „verstecktes Handeln“ bzw. „hidden action“. Das Problem des versteckten Handelns bezieht sich auf Situationen, in denen der eine Partner die Handlungen des anderen nicht beobachten kann. Der Systemführer der Kooperation (Principal) weiß z.B. nicht, ob die sichtbaren Ergebnisse des Partners (Agent) auf dessen Anstrengungen und Aufwendungen oder auf exogene Faktoren zurückzuführen sind. Aus Perspektive des Partners (Agent) wäre „moral hazard“ z.B. die mangelnde Sorgfalt bei den eigenen Handlungen auf Grund von fehlenden Anreizen. Partnerspezifische Investitionen als weiterer Typus der asymmetrischen Informationsverteilung bezeichnet das „free rider-Verhalten“ innerhalb der Kooperation, d.h. die Investition eines Partners in der Kooperation wird von anderen ausgenutzt bzw. „geraubt“.

Durch eine sorgfältige Kooperationsinitiierung und Kooperationsimplementierung im Rahmen des Managen von Kooperationen sollten diese Risiken begrenzt und die verbleibenden analog zu den Chancen gerecht auf die Partner verteilt werden. Die vier zentralen Funktionen des Managen von Kooperationen sind nach Sydow[49] dabei die Selektion von Kooperationspartnern, die Allokation von Aufgaben und Ressourcen, die Regulation der Zusammenarbeit in der Kooperation und die Evaluation der Kooperationsunternehmen, einzelner Kooperationsbeziehungen oder der gesamten Kooperation.

[48] Spremann: Asymmetrische Information. In: Zeitschrift für Betriebswirtschaft, Ausg. 50, 1990.
[49] Sydow, Jörg; Windeler, Arnold: Komplexität und Reflexivität in Unternehmensnetzwerken. Wiesbaden, 1997.

6.1 Initiierung einer Kooperation

Bei der Initiierung von Kooperationen kommt es entscheidend darauf an, dass die Partner im Hinblick auf ihre Kompetenzen und Intentionen geeignet sind, zur Erfüllung der Kooperationsziele beizutragen. Sind die Ziele und Interessen der Kooperationspartner nicht miteinander kompatibel, ist die Koordination der Kooperation entsprechend aufwendig, im Extremfall sogar das Zustandekommen bzw. der Bestand der Kooperation gefährdet. Im Rahmen des Managen von Kooperationen ist also der Kooperationsinitiierung und dabei insbesondere der positen bzw. negativen Selektion von Kooperationspartnern besondere Aufmerksamkeit zu widmen.

Zum Entstehen einer Kooperation bedarf es eines Kooperationsinitiators.[50] Der Initiator gibt den Kooperationszweck vor, da er Kooperation z.B. als Mittel zur Überwindung eines Innovationsproblems bzw. zum Ausgleich von Ressourcendefiziten erkannt hat.

Da die öffentliche Hand in der Regel selber das Interesse hat, z.B. aus Gründen höherer Effizienz oder der politischen Legitimation oder auf Grund von möglichen Finanzierungsengpässen, Aufgaben ganz oder teilweise privatwirtschaftlich realisieren zu lassen, wäre es eine nahe liegende Aufgabe der öffentlichen Hand, die Rolle des Kooperationsinitiators zu übernehmen. Wegen der deutlichen Eigeninteressen des öffentlichen Partners, z.B. in Form höchstmöglicher Kostenersparnis sowie wegen der vergaberechtlichen Vorschriften (eingeschränkte vorvertragliche Kommunikation) und der aus Effizienzgründen notwendigen Aufrechterhaltung eines zeitlich durchgängigen Wettbewerbs treten aber in der Regel Interessenkonflikte bei einer möglichen Initiatorrolle der öffentlichen Körperschaften auf.

Forderungen nach einer öffentlichen Unterstützung bei der Gründung von Kooperationen und Netzwerken werden von verschiedenen Seiten erhoben. So führt Semlinger aus: „All dies kann erklären, warum kooperative zwischenbetriebliche Vernetzungen und ein „innovatives Milieu" nur selten von allein entstehen, und warum sie – einem „naturwüchsigen" Selbstlauf überlassen – zu gravierenden Fehlentwicklungen tendieren. Auch wenn vor überzogenen Erwartungen hinsichtlich der politischen Gestaltbarkeit zu warnen ist, so ist die Entwicklung von regionalen Innovationsnetzwerken somit doch politik-, oder offener formuliert: steuerungsbedürftig: Wo kein Großunternehmen oder anderer potenter Akteur sich dieser Aufgabe

[50] Z.B. Staudt, Erich et al.: Kooperationshandbuch – Ein Leitfaden für die Unternehmenspraxis. Stuttgart, 1992, S. 113.

annimmt, und wo noch kein Kern für die Vernetzung vorhanden ist, kann öffentliche Unterstützung diesen Prozess maßgeblich stützen bzw. als Katalysator sogar unerlässlich sein"[51].

Es gibt Beispiele für die Beteiligung öffentlicher Körperschaften bei der Anbahnung von Kooperationen. So hat die Handwerkskammer Hamburg im Rahmen eines vom Bundesministerium für Bildung und Forschung geförderten Modellprojektes „Kostensparendes Bauen durch neue gewerkeübergreifende Kooperationsformen im Handwerk und frühzeitige Einbindung der ausführenden Seite in die Planungsphase am Beispiel eines Neubauprojektes" (1999 - 2001) die Bildung des Planungs- und Bauteams durch Veranstaltungen und Beratungsangebote unterstützt. Der Bauherr, ein Wohnungsunternehmen im Eigentum der öffentlichen Hand, hat dieses Modellprojekt auf Grund von positiven Vorerfahrungen mit dem Einsatz von gewerkeübergreifenden Kooperationen bei der Modernisierung durchgeführt. Auch bei den Modernisierungsmaßnahmen hatte der Bauherr gezielt Kooperationen gesucht bzw. die Konstituierung von Kooperationen, die auch Planungsaufgaben übernehmen sollten, angeregt. Die Kooperationen lieferten im Wettbewerb mit größeren Generalunternehmen dann im Rahmen des Vergabeverfahrens mit funktionaler Leistungsbeschreibung die günstigsten Angebote. Zwar fehlte bei diesen Bauprojekten die Einbindung der Betreiberaufgabe und die Berücksichtigung des Life-cycle-Ansatzes, dennoch wird deutlich, dass die Einbindung der Planung durch die kooperativ handelnde Ausführungsseite zu Kostenreduzierungen führte und dass die Anregung dazu von außen erfolgte[52]. Bei dem Modellprojekt gestaltete sich die Einbindung von Architekten und Ingenieuren allerdings nicht reibungsfrei, da freiberuflich tätige Planer berufsrechtlich gehindert sind, in der Angebotsphase mit in das wirtschaftliche Risiko der anbietenden Kooperation einzutreten. Bei dem Modellprojekt ist es aber gelungen, die Rolle des Initiators für die Kooperationsbildung von der Rolle des Bauherrn institutionell zu trennen.

Kooperationsbörsen, wie sie z.B. von Kammern und Verbänden angeboten werden, oder Kompetenzzentren wären eine Möglichkeit, die Initiierung von Kooperationen zu unterstützen. Die Privatisierungs- und Kooperationsbörse (PuK), die Anfang der 90er Jahre vom Zentralverband des Deutschen Baugewerbes gegründet wurde, war ein Beispiel, dass in diese Richtung zielte.

Wer letztendlich die Rolle des Kooperationsinitiators übernimmt, hängt vom Einzelfall ab und kann nicht pauschal beantwortet werden. Bei baubezogenen und nicht zu komplexen Auf-

[51] Vgl. Semlinger, Klaus: Innovationsnetzwerke – Kooperation von Kleinbetrieben, Jungunternehmen und kollektiven Akteuren. Eschborn, 1998, S. 24ff.

[52] Handwerkskammer Hamburg (Hrsg.): Kostensparendes Bauen durch Kooperation. Dokumentation der Tagung vom 21. Januar 2000, Hamburg, Juli 2000.

gaben kann diese Rolle z.B. von einem mittelständischen Bauunternehmen übernommen werden. Das Bauunternehmen sollte dann möglichst über Praxiserfahrungen verfügen, welche die Kooperation in besonderer Weise inhaltlich anregen könnten. Es sollte z.B. nach innen und außen wirken, indem sein Vorbild gelungener Problemlösungen die Bereitschaft anderer Akteure zur Mitarbeit in der Kooperation motiviert und sein lokales bzw. regionales Ansehen auf das Renommee der Kooperation ausstrahlt. Der Initiator muss ferner über das erforderliche Systemintegrations-Know-how verfügen.

Zur Beschreibung der weiteren Schritte bei der Bildung von Kooperationen erscheint es sinnvoll, von einer projekt- bzw. aufgabenbezogenen Kooperationsinitiierung auszugehen. Die Initiative zur Gründung mittelstandsorientierter Kooperationen bei PPP-Projekten geht gegenwärtig oft noch von einzelnen Projekten mit konkreten Ertragserwartungen aus und weniger von generellen strategischen Überlegungen der Unternehmen, PPP als neues Geschäftsfeld anzugehen. Besser wäre es, wenn mittelständische Unternehmen PPP gleich als neues strategisches Geschäftsfeld angehen würden. Das setzt aber eine zu erwartende stabile Entwicklung des PPP-Marktes voraus. Es gibt aber durchaus Kooperationen/Netzwerke mit vielen Beteiligten und umfassenden Geschäftsfeldern, die sich nicht anhand eines einzelnen Projektes entwickelt haben. Ein Beispiel für eine aus strategischer Orientierung gegründete Kooperation wäre die Hamburger Facility Management AG, ein Zusammenschluss einer Vielzahl von Handwerksunternehmen, die Leistungen von der Projektentwicklung bis zum Gebäudebetrieb übernehmen, auch wenn hier der Schwerpunkt nicht bei Vorhaben mit der öffentlichen Hand lag.

6.1.1 Entstehung einer Kooperation / Problemanalyse

Aus Bauunternehmersicht handelt es sich bei Aufgabenstellungen im Tätigkeitsfeld Public Private Partnership in der Regel um neue bzw. deutliche erweiterte Geschäftsfelder, zu deren Vorbereitung und Realisierung Partner notwendig sind. Zu den Kooperationszwecken gehören u.a.:

- die Entwicklung von projektbezogenen oder auf Dauer ausgerichteten Produkten und Dienstleistungen
- die Vermarktung von Produkten und Dienstleistungen
- die Finanzierung der Produkte und Dienstleistungen
- die Abwicklung der Bauaufgaben
- die Abwicklung von Nutzung und Betrieb der baulichen Anlage
- die Verwertung.

Der Kooperationsinitiator muss klären, welche Partner er für diese Kooperationszwecke benötigt und eine positive bzw. negative Auswahl der Partner vornehmen. Diese Fragen lassen sich gut in einer szenariogestützten strategischen Planung und darauf aufbauenden operativen Planung mit den Führungskräften im Unternehmen des Initiators bearbeiten. Da für PPP-Projekte oft mehrere Partner erforderlich sind und es sich dabei teilweise um Branchenfremde handelt, gestaltet sich die Aufgabe schwieriger als bei den am Bau üblichen Partnerschaften wie z.B. bei ARGE-Partnern oder GU-Sub-Verhältnissen.

Zur positiven und negativen Selektion der Partner ist es sinnvoll, vorab eine Aufgaben- und Problemanalyse vorzunehmen. Ohne diese Analyse wird eine Partnersuche nach fachlichen Gesichtspunkten erschwert. Dabei sind die unterschiedlichen Sichtweisen der öffentlichen und privaten Seite zu beachten. Es ist sinnvoll, bei der Analyse nicht auf der Ebene der Problemsymptome zu verharren, sondern die Problemursachen mit einzubeziehen. Erst dann können die für eine innovative, effektive und nachhaltige Problemlösung erforderlichen Partner identifiziert werden. Das setzt aber voraus, dass der öffentliche Partner auch „weiter entfernt" liegende Lösungen akzeptiert und nicht durch zu viele Spezifikationen verhindert. Zu enge Vorgaben in den Ziel- und Leistungsbeschreibungen engen den Innovationsspielraum stark ein und grenzen damit auch mögliche innovative Kooperationspartner aus, sehr weite Vorgaben können allerdings auch dazu beitragen, dass z.B. durch least-cost-planning bauträchtige Investitionsvorhaben kleiner oder sogar überflüssig werden. Diese Fragen sind vor der Suche nach Kooperationspartnern zu klären und sind Bestandteil einer vom Initiator bzw. von der Initiatorengruppe zu erstellenden Konzeption für die Kooperation als Ergebnis der Aufgaben- und Problemanalyse.

6.1.2 Suche nach geeigneten Partnern / Potenzialanalyse

Vom Finden geeigneter Partner hängt der Erfolg einer PPP wesentlich ab. Von entscheidender Bedeutung ist dabei, ob der mögliche Partner das Potenzial bzw. die Fähigkeit hat, zu einem Erfolg der Partnerschaft beizutragen und ob der mögliche Partner ein Interesse hat, die Partnerschaft zum Erfolg zu führen. Die vielfältigen Anforderungen an mögliche Partner ergeben sich im Wesentlichen aus den Aufgabenstellungen des PPP-Vorhabens. Zusätzliche Anforderungen beziehen sich vor allem auf die allgemeine Kooperationsfähigkeit der Kooperationspartner, also z.B. auf die soziale Kompetenz.

Im Einzelnen können sich z.B. Anforderungen in folgenden Bereichen ergeben:

Fachliche Aspekte

- *Leistungsbereiche*
  Es ist zu prüfen, ob der erforderliche Leistungsbereich vom Partner übernommen werden kann.
- *Leistungstiefe*
  Es ist zu prüfen, ob der mögliche Partner in seinem Tätigkeitsfeld die erforderliche Leistungstiefe erbringen kann, also z.B. auch die Objektplanung und Wartung übernehmen kann.
- *Leistungsbreite*
  Es ist zu prüfen, ob der mögliche Partner über die erforderliche fachliche Leistungsbreite verfügt, also z.B. für das Betreiben der Anlagen über die erforderlichen kaufmännischen, juristischen und technischen Kompetenzen verfügt.
- *Know-how*
  Es ist zu prüfen, ob der mögliche Partner aktuelles und umfassendes Know-how im Leistungsbereich besitzt und ob er bereit ist, dieses Know-how offen in die Kooperation z.B. bei der Produkt- und Dienstleistungsentwicklung einzubringen.
- *Ansprechpartner*
  Wie ist die Geschäftsführung des Partnerunternehmens ausgerichtet, z.B. kaufmännisch oder technisch? Entspricht die Ausrichtung den Anforderungen der Aufgabenstellung?
- *Innovationskraft*
  Hat das Unternehmen im Rahmen vorangegangener Projekte innovative Lösungen entwickelt? Ist entsprechendes Innovationspotenzial bei der Geschäftsführung und den Beschäftigten vorhanden?
- *Referenzen*
  Besonders bei potenziellen Partnern aus anderen Branchen sollte man Referenzen verlangen, da eigene Erkundungen und Einschätzungen auf Grund mangelnder Erfahrungen und Übersicht in fremden Wirtschaftsbereichen nicht ausreichen, um Partner beurteilen zu können.

Kaufmännische Aspekte

- *Größe der Aufträge oder Einzelumsätze*
  Es ist zu prüfen, ob der mögliche Partner die erforderlichen Leistungsvolumina in seinem Gewerk/Tätigkeitsfeld allein erbringen kann, oder ob ein möglicher Partner bei der Erfüllung der quantitativen Leistungsanforderungen bis an seine Kapazitätsgrenzen gehen muss. Ein mögliches Beurteilungskriterium wäre, ob der mögliche Partner schon entsprechende umfangreiche Aufträge in der Vergangenheit bewältigt hat.
- *Unternehmensgröße*
  Umsatz und Beschäftigtenzahl der wichtigsten Leistungserbringer in einer Kooperation sollten zueinander und zur Aufgabenstellung passen.
- *Räumliche Abgrenzung*
  Die regionale Marktabdeckung der Unternehmen sollte sich bei sich fachlich ergänzenden Leistungen ungefähr decken; für eine größere räumliche Marktabdeckung, z.B. um Volumen- und Wiederholungseffekte zu nutzen, sind aber auch ergänzende räumliche Tätigkeitsfelder von Partnern sinnvoll.
- *Bonität und finanzielle Leistungsfähigkeit*
  Der Partner sollte eine einwandfreie Bonität aufweisen und in der Lage sein, sich anteilig an den Vorlaufkosten zu beteiligen, die für eine strategisch orientierte Geschäftsfeldentwicklung notwendig werden können.
- *Zugang zum öffentlichen Auftraggeber*
  Bei der Partnerauswahl kann der gute Zugang eines Partners zum öffentlichen Auftraggeber und zukünftigen PPP-Partner ein wichtiges Kriterium sein. Da es sich bei PPP-Projekten um erklärungsbedürftige Produkte handelt, sollten einige Partner in der Meinungsbildung und im Auftreten vor Gremien geübt sein.

Kooperationsaspekte

- *Kooperationsloyalität*
  Ist zu erwarten, dass sich das Partnerunternehmen am Erfolg der Partnerschaft, also am Gesamtoptimum und Gegenseitigkeitsprinzip orientiert, oder gibt es Hinweise darauf, dass das Partnerunternehmen sich auf Kosten der anderen Partner vorwiegend am eigenen Vorteil orientieren könnte, insbesondere bei Turbulenzen?
- *Enscheidungsfähigkeit*
  Kann das Partnerunternehmen selbstständig und kooperationsloyal entscheiden? Hat der vorgesehene Ansprechpartner hinreichende Entscheidungsberechtigung für eine unkomplizierte Kommunikation in der Kooperation?

- *Zuverlässigkeit*
  Hat sich das Unternehmen in der Vergangenheit durch unbedingte Zuverlässigkeit bei Leistungen und Zahlungen ausgezeichnet? Verfügt das Unternehmen über ein praxisgerechtes Qualitätsmanagement?
- *Erfahrungen*
  Der Partner sollte möglichst über positive Kooperationserfahrungen mit anderen Unternehmen und Erfahrungen mit Aufträgen der öffentlichen Hand verfügen.
- *Unternehmenskultur*
  Ist z.B. die Teamfähigkeit des Geschäftsführers und der Beschäftigten gegeben? Sind entsprechende soziale Kompetenzen ausgebildet? Sind die erforderliche Offenheit nach innen, Geheimhaltung nach außen und ein auf Vertrauen aufbauendes Verhalten zu erwarten?
- *Unternehmensorganisation*
  Ist die Unternehmensorganisation des Partners so ausgerichtet, dass die Kooperationsaktivitäten während der unterschiedlichen Phasen einer Kooperation reibungslos in die Abläufe eingefügt werden können? Ist vorhandene Informations- und Kommunikationstechnik kooperationstauglich? Sind geeignete Schnittstellen zur Datenübertragung bei Verwendung unterschiedlicher Softwarelösungen vorhanden?
- *Einbindung in bestehende Netzwerke*
  Der Partner sollte nicht in konkurrierenden Kooperationen tätig sein; auch eine Tätigkeit als Nachunternehmer bei Konkurrenten ist problematisch.
- *Sonstige Kooperationsaspekte*
  Bestehen Hemmnisse für eine gleichwertige Zusammenarbeit, z.B. ökonomischer oder rechtlicher Art bei Freiberuflern, beliehenen Unternehmen, Körperschaften öffentlichen Rechts (z.B. Deutsche Bahn AG, ÖbVI's, Kammern)?

Die Durchführung der Partnersuche kann im Rahmen von informellen Gesprächen oder auch formalisiert anhand einer Kriterienliste erfolgen. Auch diese Kriterienliste ist Bestandteil der Kooperationskonzeption. Kooperationspartner wird man als Kooperationsinitiator in seinen eigenen Netzwerken oder vorhandenen informellen Kooperationen finden. Weiterhin können Kammern, Verbände und Beratungsunternehmen mit ihren Arbeitsgruppen und Erfa-Kreisen die Suche nach Kooperationspartnern unterstützen.

Der Partnerwahl kommt dann entscheidende Bedeutung zu, wenn der Beitrag des Partners entscheidend für Marktzugang und wirtschaftlichen Erfolg ist. Stimmt das vom Partner gelieferte Betreiberkonzept nicht, wird die öffentliche Seite keine PPP-Kooperation eingehen. Ist das Angebot des Finanzierungspartners zu teuer, kann das durch eine günstige Bauleistung nicht ausgeglichen werden. Ähnliches gilt bei maschinenorientierten Objekten, wenn die Wettbewerber einen besseren Lieferanten für Maschinen und Anlagen in ihre Kooperation einbinden konnten.

6.1.3 Gemeinsame Ziel- und Interessenausrichtung

Eine falsche Einstellung der Kooperationspartner und daraus resultierendes kooperationsschädliches (opportunistisches) Verhalten kann nicht allein durch ausgefeilte Vertragswerke verhindert werden. Zusätzlich zu vertraglichen Regelungen und Geschäftsordnungen über die Zusammenarbeit und zusätzlich zu einem eventuellen kooperationsinternen Wettbewerb ist die Akzeptanz eines kooperativen Koordinantions- bzw. Steuerungsmodus erforderlich. Während die meisten Kooperationspartner mit den Mechanismen und Verhaltensweisen im marktförmigen Wettbewerb (meist unternehmensextern) und in der meist unternehmensintern praktizierten hierarchischen Koordination und Steuerung vertraut sind, fehlt die Kenntnis und Übung in kooperativen Verhaltensweisen. Kooperative Interaktion ermöglicht die produktive Verbindung von Autonomie und Kontrolle, d.h. von Offenheit und Verbindlichkeit. Kooperative Interaktion baut auf einem Eigeninteresse am Erfolg der Partner auf, auch über die begrenzte Kooperationsbeziehung hinaus[53].

In der Literatur zur rechtlichen Ausgestaltung von PPP-Projekten wird allgemein ein schwieriges Vertragsmanagement durch fehlende Vertragskultur beklagt.[54] Das Problem bei PPP im Rahmen der institutionellen Absicherung der Akteure durch Verträge besteht darin, dass zum einen bei der Gestaltung der arbeitsteiligen Zusammenarbeit erhebliche Unsicherheiten in Bezug auf die Zuverlässigkeit und rechtliche Konsequenz von vertraglichen Regelungsinhalten festzustellen sind und zum anderen „Musterverträge" kaum vorhanden sind. Obwohl die wesentlichen Ziele schon in der Ausschreibung durch den öffentlichen Partner festgelegt sind, sollten sich die Kooperationspartner dennoch austauschen und damit die Basis für ein vertiefendes Verständnis schaffen. Nachdem man Partner gefunden hat, die über die geeigneten Kompetenzen und Motivationen verfügen, um ein Projekt im Rahmen einer PPP durchzuführen, sollte eine vorvertragliche Verständigung über Ziele und Interessen in einem gemeinsamen Ziel-, Interessen und Partneringprozess stattfinden. Nach Grünning[55] sind bei einem formalisierten Zielbildungsprozess in einer Kooperation folgende Schritte zu beachten:

[53] Vgl. Semlinger, Klaus: Das Wissensparadoxon fortschreitender Arbeitsteilung – Zur Notwendigkeit kooperativer Interaktion. In: Hentrich/Hoß (Hrsg.): Arbeiten und Lernen in Netzwerken, Eschborn, 2002.

[54] Roggenkamp, a.a.O.

[55] Grüning/Steenbock: Public Private Partnership in der Bauwirtschaft. Cenes Data GmbH, Berlin, 2000.

- Formulierung der individuellen Ziele der Partner
- Formulierung eines Leitbildes für die Partnerschaft
- Formulierung einer Strategie für die Partnerschaft
- Formulierung eines Zielkataloges für die Partnerschaft

Neben dem Zielbildungsprozess sollte auch ein Partnerschafts- oder Partnering-Prozess durchlaufen werden. Darunter wird nach Grünning[56] ein Prozess verstanden, in dessen Verlauf versucht wird, die informellen, zwischenmenschlichen und atmosphärischen Faktoren, die man in einem umfangreichen Vertrags- und Regelwerk nicht findet, positiv zu beeinflussen. Es besteht z.B. die Möglichkeit, so genannte „Partnerschafts-Workshops" durchzuführen, bei denen sich die Führungskräfte der Kooperationspartner treffen und über die Art der zukünftigen Zusammenarbeit sprechen. Gerade bei der üblichen langfristigen Zusammenarbeit bei PPP-Projekten, ist eine gute Zusammenarbeit der Beteiligten wichtig für den Erfolg des Gesamtprojektes.

Es gibt in der Praxis große Schwierigkeiten, Integrationsvorteile zu erzielen und die Früchte gerecht zu verteilen, wie schon allein der Blick auf den Schlüsselfertigbau (meist in Generalunternehmer-Nachunternehmer-„contract-bestimmten" Kooperationen) zeigt. Dort geht es „nur" um die Integration aller Bauleistungen und dennoch gibt es viele Probleme der Arbeitsvorbereitung und Ablaufplanung und -steuerung, auch wenn die Objektplanung nicht voll integriert ist. Auch bei Einbindung der Planung funktioniert der Fluss des Know-how der Nachunternehmen an den Planer in der Regel nicht, weil die Nachunternehmer dafür nicht „gerecht" entgeltet werden bzw. noch nicht feststehen. Dieser Ansatz einer integrierten Planung wurde unter dem Stichwort „Bauteam" in die Diskussion gebracht, um die Kostensenkung am Bau voranzubringen. Über das Bauteam wurde auch viel publiziert[57]; in der Praxis bestehen aber immer noch erhebliche Hindernisse, z.B. berufsrechtliche Probleme der Planer, politische Unterstützung für die Trennung von Planung und Ausführung, vergaberechtliche Probleme, Verbandsforderungen nach der Einzellosvergabe, Probleme der Angebotsvergleiche bei Funktionalausschreibungen, handwerksrechtliche Abgrenzungsprobleme. Der hier verfolgte Ansatz geht aber weiter, da ja auch das Know-how der Betreiber und Finanzierer einfließen und entgeltet werden muss. Es ist also eine große unternehmerische Aufgabe mit vielen möglichen Hemmnissen und Widerständen. Es ist daher verständlich, dass

[56] Ebd.

[57] Z.B. Bundesministerium für Raumordnung, Bauwesen und Städtebau: Kostensenkung und Verringerung von Vorschriften im Wohnungsbau, Bericht der Kommission, Bonn, 1994, S. 119 ff. oder: Knipp, Bernd: Planung und Ausführung aus einer Hand? In: Industriebau, 3/1998 oder: Lange, Kay: Rollenverteilung am Bau. In: Immobilien Manager, 6/2000.

diese Aufgabenstellung nicht quasi „von heute auf morgen“ von vielen mittelständischen Unternehmen bewältigt wird.

6.2 Kooperationsimplementierung

6.2.1 Chancen- und Risikoverteilung / Systemführerschaft

Um zu einer optimalen und effizienten Chancen- und Risikoverteilung zu gelangen, ist der Einsatz eines Systemführers innerhalb der Kooperation erforderlich. Es muss also zunächst festgelegt werden, wer in welchen Lebenszyklusphasen die kaufmännische und technische Federführung inne hat. Diese kann während der Projektlaufzeit in Abhängigkeit von den Kompetenzen durchaus wechseln.

Eine wichtige Voraussetzung des Systemführers ist, dass er System-Integrations-Know-how und Organisations-Integrations-Know-how besitzt und in die Kooperation einbringen kann. Während sich System-Integrations-Know-how auf die Wahrnehmung einer produktbezogenen Integration bezieht, stellt Organisations-Integrations-Know-how die Fähigkeit dar, die einzelnen Wertaktivitäten organisatorisch zu integrieren und koordinieren. Werden beide Ressourcen bzw. Know-how-Arten einer Bewertung unterzogen, ist festzustellen, dass beide zwar Wettbewerbsvorteile begründen können, dem Organisations-Integrations-Know-how jedoch die vergleichsweise größere Bedeutung zukommt, weil System-Integrations-Know-how leicht repliziert (imitiert/substituiert) werden kann.[58] Daher erfolgt im Weiteren eine Konzentration auf das Organisations-Integrations-Know-how.

Der Systemführer muss demnach in der Lage sein, eine effizient gestaltete Integration und Koordination der Kooperationspartner entlang der Wertschöpfungskette zu erzeugen. Organisations-Integrations-Know-how stellt in diesem Zusammenhang eine überaus wertvolle Ressource dar, die auf den Faktormärkten nicht käuflich erworben werden kann und daher intern zu entwickeln ist[59]. Der Engpass liegt demzufolge zumeist auf der Ressourcenseite.

Als Grundregel gilt, dass die Risikoverteilung aus den Kompetenzen der Kooperationspartner abzuleiten ist. Systemführer sollte derjenige werden, der das meiste Organisations-Integrations-Know-how besitzt. Dies wird wahrscheinlich am ehesten derjenige mit dem höchsten oder kritischsten Wertschöpfungsanteil sein. Weist die Kooperationsgemeinschaft bestimmte

---

[58] Vgl. Wilsdorf-Köhler, Heide: Systemangebote im Konsumgütersektor - Darstellung und Analyse aus Sicht dreier Theorien des strategischen Managements. Dissertation, TU Bergakademie Freiberg, 2002, S. 71, 107, 136.

[59] Vgl. ebd., S. 136.

Kompetenzen, die zur optimalen und effizienten Aufgabenverteilung erforderlich sind, nicht auf, ist nach Möglichkeiten der Versicherung dieser Risiken oder zur Risikoabwälzung zu suchen.

Die Risikoverteilung findet grundsätzlich auf zwei Ebenen statt. Auf die optimale Risikoverteilung auf der PPP-Ebene wurde bereits in *Kapitel 3.1* kurz eingegangen. Die Risikoverteilung zwischen den Kooperationspartnern findet auf der zweiten Ebene statt. In der nachfolgenden Tabelle wird exemplarisch davon ausgegangen, dass sich insgesamt fünf Unternehmen an der Kooperation beteiligen. Dabei handelt es sich um ein Architekturbüro (Unternehmen A), ein Rohbauunternehmen (Unternehmen B), zwei Ausbauunternehmen (Unternehmen C und D) sowie ein Betreibungsunternehmen (Unternehmen E). Neben der öffenlichen Hand und den Unternehmen sind Dritte (Banken, Versicherungen) mittelbar an der Projektrealisierung durch eine Kooperation mittelständischer Unternehmen beteiligt. Diese treten beispielsweise als Fremdkapitalgeber auf oder übernehmen vorhandene Risiken (z.B. Baugrundrisiko) für entsprechende Gegenleistungen. Die Risiken wurden in bauspezifische, betriebsspezifische und unternehmensspezifische eingeteilt. Die gewählte Zuordnung der Risiken ist vom jeweiligen Projekt und den beteiligten Partnern abhängig.

Risikogruppe	**Einzelrisiken**	**Risikoträger**						
		Öffentliche Hand	**Unternehmen**					**Dritte**
			A	**B**	**C**	**D**	**E**	
Bauspezifischen Risiken	Projektentwicklungsrisiko		x				x	
	Baugrundrisiko	x						x
	Finanzierungsrisiko			x			x	x
	Baugenehmigungsrisiko	x						
	Baukostenrisiko			x	x	x		
	Fertigstellungsrisiko			x	x	x		
Betriebsspezifische Risiken	Betreibungsrisiko			x			x	
	Organisationsrisiko			x		x		
	Nachfragerisiko	x						
	Vermarktungsrisiko						x	
Unternehmensspezifische Risiken	Finanzierungsrisiko						x	x
	Organisationsrisiko			x				
	Haftungsrisiko		x	x	x	x	x	x
	Insolvenzrisiko	x	x	x	x	x	xx	x

Tabelle 19: Risikoverteilung

Die Chancenverteilung stellt das positive Pendant zur Risikoverteilung dar, bei der es um die Aneignungsfähigkeit und Aufteilung von Renten geht.

6.2.2 Vertragsgestaltung

Bei der Vertragsgestaltung spielen die mit der Anbahnung, Vereinbarung, Abwicklung, Kontrolle und Anpassung von Verträgen verbundenen Transaktionskosten eine zentrale Rolle. Es gilt, diese Kosten mit Hilfe einer geeigneten Vertragsform so niedrig wie möglich zu halten.

Gemäß der Transaktionskostentheorie sind für die Höhe der Transaktionskosten insbesondere die Umweltfaktoren Spezifität, Unsicherheit und Häufigkeit der Transaktion von Bedeutung.[60]

Austauschbeziehungen innerhalb der hier betrachteten Kooperationen sind im Allgemeinen durch ein hohes Maß an Spezifität gekennzeichnet. Das liegt zum einen daran, dass ein Austausch eines an der Kooperation beteiligten Unternehmens mit großen Nachteilen für beide Seiten verbunden ist. Zum anderen ist damit zu rechnen, dass sich nach einer gewissen Vertragslaufzeit System- und Know-how-Abhängigkeiten zwischen den kooperierenden Unternehmen entwickeln[61].

Die Zusammenarbeit in Form einer Kooperation ist weiterhin durch ein hohes Maß an Unsicherheit gekennzeichnet. Für die beteiligten Unternehmen ist im Vorhinein nur schwer abzuschätzen, ob während der Vertragslaufzeit vertragliche Änderungen erforderlich werden (z.B. Änderung von Terminen, Preisen, Qualität aufgrund veränderter Umweltbedingungen) und wenn dies so ist, wie viele Änderungen dann notwendig sind.

Es ist anzunehmen, dass sich bestimmte Transaktionstypen zwischen den Kooperationspartnern über den Lebenszyklus des Projektes hinweg wiederholen. Das bedeutet, dass mit zunehmender Häufigkeit der Durchführung einer Austauschbeziehung davon auszugehen ist, dass auch Spezifität und Unsicherheit abnehmen und somit die Transaktionskosten sinken werden.[62]

Somit weisen die als Untersuchungsgegenstand betrachteten Kooperationen ein hohes Maß an Spezifität und Unsicherheit auf, zudem werden sie (aufgrund der langen Projektlaufzeit) vergleichsweise häufig durchgeführt.

---

[60] Es wird davon ausgegangen, dass die Verhaltensannahmen begrenzte Rationalität und Opportunismus vorliegen.

[61] Vgl. Picot/Dietl/Franck, a.a.O., S. 70.

[62] Vgl. z.B. Roggencamp, a.a.O., S. 202.

In solch einem Fall kommen für die vertragliche Ausgestaltung der Austauschbeziehungen nur relationale[63] Verträge in Betracht. Wichtiges Kennzeichen relationaler Verträge ist deren Unvollständigkeit. Das bedeutet, dass derartige Vereinbarungsformen vor Vertragsabschluss nicht sämtliche Eventualitäten regeln können und daher vertragliche Lücken aufweisen, die häufig auch beabsichtigt werden (zur Erhaltung der Flexibilität über die Vertragslaufzeit). Sie enthalten jedoch Vereinbarungen darüber, wie im Fall des Auftretens einer Vertragslücke zu verfahren ist. Trotz allem ist das Konfliktpotenzial bei unvollständigen Verträgen besonders hoch. In *Kapitel 6.2.4* wird daher auf Konfliktlösungsmechanismen eingegangen.

Eine sinnvolle und empfehlenswerte Maßnahme zur Unterstützung der Vertragsgestaltung wären von den Verbänden und der öffentlichen Hand entwickelte Musterverträge für Kooperationsmodelle inklusive Betrieb. Für die reine Bauausführung gibt es den vom Hauptverband der Deutschen Bauindustrie herausgegebenen Mustervertrag „Dach-Arbeitsgemeinschaftsvertrag“.

Die in einer Projektgesellschaft zusammengeschlossenen Mittelständler sollten für die reine Bauausführung zur Reduzierung der Schnittstellen vorzugsweise in Form dieser Dach-ARGE zusammenarbeiten[64]. Die Dach-ARGE bekommt einen Generalunternehmerauftrag von der Projektgesellschaft. In der nachfolgenden Abbildung ist die Konstruktion einer solchen Dach-ARGE beispielhaft aufgeführt.

[63] Der Begriff relationaler Verträge stammt aus der Transaktionskostentheorie. Danach stellen relationale Verträge unter den im Text aufgeführten Bedingungen die transaktionskostengünstigste Variante dar.

[64] Vgl. Wallau, Frank; Stephan, Marcel: Bietergemeinschaft und Dach-ARGE in der mittelständischen Bauwirtschaft – Leitfaden und Checkliste. Hrsg.: Rationalisierungs- und Innovationszentrum der Deutschen Wirtschaft (RKW), Eschborn, 1999.

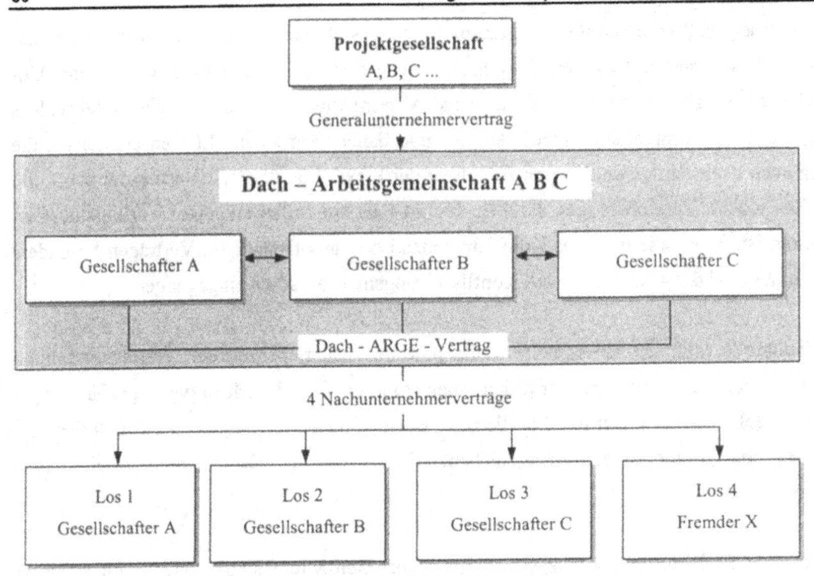

Abbildung 2: Dach-ARGE auf Ebene der ausführenden Unternehmen[65]

Die Dach-ARGE übt reine Verwaltungsfunktionen aus. Sie würde dann die eigentlichen Bauaufträge losweise an ihre Gesellschafter weitervergeben. Lassen sich nicht alle Gewerke durch die an der Dach-ARGE beteiligten Gesellschafter abdecken, kann ein Drittunternehmen direkt mit der Dach-ARGE einen Nachunternehmervertrag schließen oder aber der fehlende Leistungsanteil wird auf einer nachgelagerten Ebene einem der Lose der Gesellschaft zugeordnet.[66]

Im Unterschied zu einer normalen ARGE (Ausführungs-ARGE) erfüllen die Gesellschafter einer Dach-ARGE ihre Beitragspflicht aus dem Gesellschaftervertrag in Form ihrer selbstständigen und eigenverantwortlichen Bauleistung für das jeweilige Einzellos. Diese werden von der Dach-ARGE an ihre Gesellschafter im Rahmen selbstständiger Nachunternehmerverträge weitervergeben. Als ARGE-Gesellschafter ist das Bauunternehmen gegenüber dem Auftraggeber für den Gesamtauftrag jedoch weiterhin gesamtschuldnerisch verpflichtet. Die Konzeption der Dach-ARGE macht es unverzichtbar, dass im Innenverhältnis der Dach-ARGE ein Dach-ARGE-Vertrag und zusätzlich zwischen Dach-ARGE und Einzellosen Nachunternehmerverträge abgeschlossen werden. Die Funktion als Nachun-

[65] Privatwirtschaftliche Realisierung öffentlicher Hochbauvorhaben (einschließlich Betrieb) durch mittelständische Unternehmen in Niedersachsen, a.a.O., S. 26.
[66] Ebd., S. 26.

ternehmer hat für den Gesellschafter zur Folge, dass er im Rahmen seines Nachunternehmervertrages das werkvertragliche Leistungs- und Vergütungsrisiko alleine trägt.[67]

6.2.3 Finanzgestaltung

Finanzierung mit Eigenkapital

Die Verteilung der Risiken auf der PPP-Ebene hat entscheidenden Einfluss auf die finanzielle Ausgestaltung und die Nutzung von Finanzierungsspielräumen auf der Unternehmensebene bzw. Ebene der Projektgesellschaft. Den Zusammenhang zwischen Risikotransfer und Eigenkapitalanteil zeigt nachfolgende Abbildung.

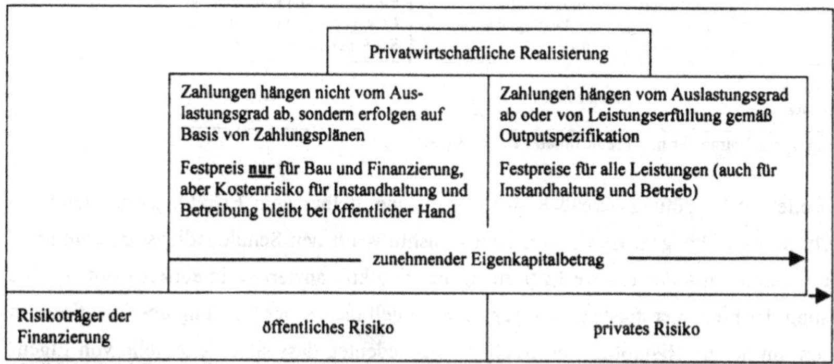

Abbildung 3: Risikotransfer und Eigenkapitalanteil

Sollte die Finanzkraft der Kooperationspartner nicht ausreichen, wäre die Einbindung institutioneller Eigenkapitalinvestoren zur Verbesserung der Kapitalausstattung der Projektgesellschaft überlegenswert, da diese Investoren eher an einer längerfristig angelegten, gemäßigten Eigenkapitalrendite als an einer kurzfristigen, überdurchschnittlich hohen Wertsteigerung interessiert sind. Als institutionelle Eigenkapitalinvestoren kommen beispielsweise (ausländische) Pensionsfonds, Lebensversicherungsgesellschaften oder sonstige Anlagegesellschaften in Betracht.[68]

---

[67] Burchardt, Hans-Peter: Die Arbeitsgemeinschaft (ARGE). In: Jacob/Ring/Wolf (Hrsg.), a.a.O., S. 860 ff. sowie die in Bearbeitung befindliche 2. Auflage, die 2003 erscheint.

[68] Vgl. Privatwirtschaftliche Realisierung öffentlicher Hochbauvorhaben (einschließlich Betrieb) durch mittelständische Unternehmen in Niedersachsen, a.a.O., S. 19.

Fremdfinanzierungsinstrumente

Bei der Auswahl des geeigneten Fremdfinanzierungsinstrumentes spielt wiederum die Risikoverteilung eine entscheidende Rolle (vgl. nachfolgende Abbildung).

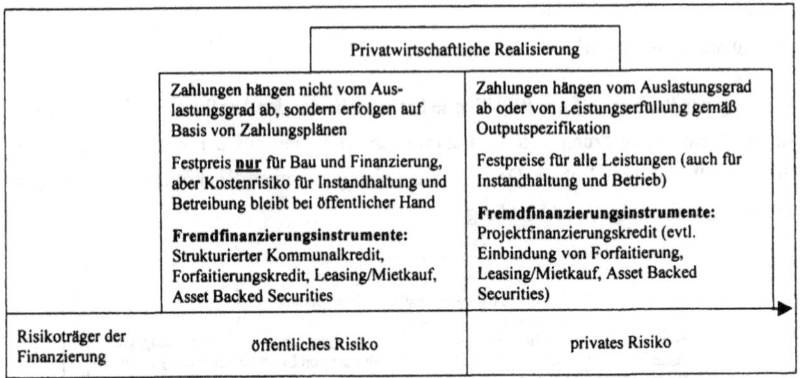

Abbildung 4: Risikotransfer und Fremdfinanzierungsformen

Wenn Teile der Vergütung gemäß Risikotransfer unmittelbar vom Erfüllungsgrad der Leistungserbringung abhängen, ist ein konstanter Cashflow für den Schuldendienst ex ante nicht gesichert. Dann muss das teurere Instrument der Projektfinanzierung integriert werden. Eine Anpassung der Finanzierungsbedingungen ist eventuell nach einer Glättung des Cashflows in Projekten mit hohem Risikotransfer möglich. Das bedeutet, dass sich die Anteile von Eigenkapitel und Fremdfinanzierung über die Projektlaufzeit verändern können. Ist der Risikotransfer auf den privaten Sektor (absichtlich) geringer, kommen als Fremdfinanzierungsinstrumente außerhalb des Kapitalmarktbereiches beispielsweise strukturierter Kommunalkredit, Forfaitierungskredit und Leasing oder Mietkauf in Betracht. Diese Instrumente zeichnen sich dadurch aus, dass sie gegenüber dem Projektfinanzierungskredit in der Regel zinsgünstiger sind. Daneben bieten sich als Kapitalmarktinstrument zusätzlich Asset Backed Securities (ABS) an.[69]

Projektfinanzierungskredit

Bei einer Projektfinanzierung dient primär der Cashflow, der mit dem Projekt erzielt werden soll, als Sicherheit und Quelle für die Zins- und Tilgungszahlungen. Die Kreditgeber benötigen dabei die Fähigkeit, Risiken zu beurteilen und zu übernehmen sowie die Bereitschaft, das Projekt längerfristig zu unterstützen. Neben „Force Majeure" sind die Risikokategorien

[69] In Anlehnung an ebd., S. 15 f.

- politisches Risiko
- technisches Risiko
- kommerzielles Risiko und
- Finanzierungsrisiko

zu unterscheiden. Mit Hilfe der Projektfinanzierung kann man ausnutzen, dass ein Projekt durchaus kreditwürdiger sein kann als einzelne Projektbeteiligte oder eventuell auch die öffentliche Hand selbst. Ein weiterer wichtiger Vorteil kann u.a. auch die umfassende Wirtschaftlichkeitsprüfung im Vorfeld sein. Dem stehen als mögliche Nachteile gegenüber:

- eventuell höhere Kosten (Margen, andere Gebühren, Kosten der „Due Dilligence")
- ausführlichere und komplexere Vertragsdokumentation
- lange Entwicklungsphase
- umfangreiche Auflagen und Beschränkungen bezüglich der Betriebsflexibilität
- Banken verlangen besondere Sicherheiten (step-in rights, Verpfändung der Anteile, Abtretung der Ansprüche aus Projekterlösen).

Für die Kreditgeber stellt sich das Problem, zukünftige Cashflows abschätzen und die Risiken analysieren zu müssen. Die Cashflow-Analyse dient der ex ante-Bestimmung der Ertragskraft des Projektes sowohl unter Planbedingungen als auch unter kritischen Bedingungen. Wichtige Projektkennzahlen sind nachfolgend dargestellt.

Wichtige Überdeckungskennzahlen sind:

Debt-Service-Cover-Ratio = Cashflow p.a./Schuldendienst p.a. > 1

Interest-Service-Cover-Ratio = Cashflow p.a./Zinsdienst p.a.

Project-Life-Cover-Ratio = Barwert zukünftiger Cashflows/Kreditsaldo > 1

Wichtige Profitabilitätskennzahlen sind:

Projektprofitabilität = Interner Zinssatz (vor oder nach Steuern) des Projekt-Cashflowstroms

Eigenkapitalverzinsung = Interner Zinssatz der Zahlungsreihe aus Eigenkapitaleinzahlungen und Dividendenauszahlungen

Anhand der Überdeckungskennzahlen kann man beispielsweise simulieren, welche maximalen Abschläge bei den Leistungsraten wegen Schlechtleistung noch verkraftbar sind. Exemplarisch waren bei einem britischen Schulprojekt maximal 9 % Abschlag wegen Schlechtleistung hinnehmbar; darüber rutschen Debt-Service-Cover-Ratio und Project-Life-Cover-Ratio unter den Grenzwert von 1,0.

Ein weiteres Merkmal der Projektfinanzierung ist eine Teilung der Risiken zwischen den Beteiligten. Dabei erfolgt die Allokation eines Großteils der Risiken bei der Projektgesellschaft. Eine Analyse der Risiken zeigt die auf die Projektgesellschaft (Kreditnehmer) transferierten Risiken und deren Optimierungsmöglichkeiten. Dabei muss unterschieden werden, welche Risiken durch die Projektgesellschaft versicherbar sind, welche Risiken weitergereicht werden (z.B. an Nachunternehmer) und welche letztlich von der Projektgesellschaft zu tragen sind.

Das Ausmaß der Eigen- und Fremdkapitalanteile ist während des Lebenszyklus variabel und hängt von der Risikosituation ab. Die Kosten des Gesamtkapitals setzen sich dabei aus den Eigen- und Fremdkapitalkosten zusammen. Bei hohem Risikotransfer ist der Anteil des vergleichsweise teuren Eigenkapitals hoch, während bei geringerem Risikotransfer ein zunehmender Ersatz durch günstigeres Fremdkapital bis zu einem bestimmten Verschuldungsgrad möglich ist.

Strukturierter Kommunalkredit[70]

Bei einem strukturierten Kommunalkredit übernimmt die öffentliche Hand die Finanzierung für die Baumaßnahme selbst. Demzufolge wird nur eine Planungs- und Bauleistung, verbunden mit einer Betriebsleistung ausgeschrieben. Dieses Vorgehen bietet sich an, wenn die Baumaßnahme über einen öffentlichen Sonderhaushalt abgewickelt wird. Die öffentliche Hand finanziert die Abschlagszahlungen während der Bauphase in Analogie zu einem privaten Unternehmen durch einen strukturierten Kassenkredit. Nach Fertigstellung wird dieser durch einen langfristigen, strukturierten Kommunalkredit abgelöst, der nutzungsäquivalent getilgt wird.

Das Modell des strukturierten Kommunalkredits eignet sich besonders für Zweckverbände, Eigenbetriebe und Anstalten des öffentlichen Rechts. Durch deren relative Ferne zum Globalhaushaltskonzept sind bei diesen Institutionen projektbezogene Finanzierungsstrategien am ehesten realisierbar. Ein weiterer guter Ansatzpunkt zeigt sich bei Baumaßnahmen, die

---

[70] In Anlehnung an ebd., S. 17.

einen zumindest annähernd positiven Cashflow erwirtschaften. Dieser kann dann unmittelbar zur Tilgung herangezogen werden.

Forfaitierungskredit

Forfaitierungsmodelle stellen eine Weiterentwicklung des vorgenannten Modells dar. Die Projektgesellschaft verkauft einen Teil der ihr seitens der öffentlichen Hand zustehenden Ratenzahlungen regresslos an eine Bank. Voraussetzung für den Ankauf der Ratenzahlungen durch Banken zu kommunalkreditähnlichen Konditionen ist der Verzicht der öffentlichen Hand auf die Einrede der Vorausklage für diesen Ratenteil sowie auf die Aufrechnung mit anderen Forderungen gegenüber diesen Banken, nicht jedoch gegenüber den Leistungserstellern. Der entsprechende Teil der Ratenzahlung ist danach unmittelbar von der öffentlichen Hand an das Kreditinstitut zu überweisen, auch im Falle von Leistungsstörungen. Den anderen Teil der Ratenzahlung erhält bei ordnungsgemäßer Leistung die Projektgesellschaft, um die laufenden Kosten decken zu können (z.B. für die Geschäftsbesorgung), bei Schlechtleistung kann die öffentliche Hand insoweit ihre Zahlungen mindern.

Die wirtschaftlichen Vorteile für die Beteiligten, die Vertragsbeziehungen sowie die Zahlungsflüsse bei der Forfaitierung sind weitgehend mit denen des vorgenannten Modells identisch. Der wesentliche Unterschied der Forfaitierungsmodelle liegt in der Besicherung der Bankfinanzierung durch die öffentliche Hand. Diese Besicherung führt zu einem Bonitätstransfer vom Bieter auf die öffentliche Hand, was mit einer günstigeren Kreditkonditionierung und somit einer Senkung der Finanzierungskosten einhergeht. Dies kommt gerade mittelständischen Unternehmen zugute.

Leasing/Mietkauf als Kreditsurrogate[71]

Leasing kennzeichnet eine spezielle Form der Investitionsfinanzierung. Dabei werden Investitionsgüter entweder vom Produzenten oder einer Leasinggesellschaft an den Nutzer vermietet. Beim vorherrschenden „Financial Leasing" handelt es sich um einen Vertrag mit folgenden Besonderheiten:

- feste Grundmietzeit
- während der Grundmietzeit von beiden Seiten nicht ordentlich kündbar
- Grundmietzeit in der Regel kürzer als die betriebsgewöhnliche Nutzungsdauer

[71] Ebd., S. 17 f.

- Leasingraten sind so berechnet, dass der Leasinggeber mit Ablauf der Grundmietzeit und eventuell unter Einschluss von Optionen die Anschaffungskosten, Zinsen und Risikokosten sowie Gewinn vom Leasingnehmer erstattet erhält
- Investitionsrisiko trägt letztlich der Leasingnehmer
- Leasingnehmer trägt auch die Kosten der Reparatur, Wartung sowie die Gefahr des zufälligen Untergangs
- Leasingnehmer verpflichtet sich zumeist, Anlagegut zum Neuwert zu versichern.

Nach den deutschen Leasingerlassen muss die Grundmietzeit zwischen 40 und 90 % der betriebsgewöhnlichen Nutzungsdauer betragen. Optionen zum Ende der Grundmietzeit müssen mindestens auf Basis des linearen Restbuchwertes gemäß den AfA-Tabellen kalkuliert sein. Werden die Leasingregeln nicht eingehalten, handelt es sich um Mietkauf.

Neben den Auswirkungen auf die Finanzierung, Bilanzierung und die steuerliche Erfolgsermittlung hat die Zurechnung des Leasingobjektes auch Konsequenzen bei der Gewerbesteuer und der Umsatzsteuer.

Beim Leasing/Mietkauf setzen die Zahlungen erst mit der mängelfreien Abnahme der fertig gestellten Baumaßnahme ein. Bis dahin refinanziert sich die Projektgesellschaft über eine Bauzwischenfinanzierung. Dadurch sind die erforderlichen Mittel zur Bezahlung der Planungs- und Baukosten sowie der Versicherungsprämien gesichert. Zinsen werden nicht gezahlt, sondern kapitalisiert, das heißt bis zum Ende der Bauzwischenfinanzierung angesammelt. Nach der Abnahme wird die Bauzwischenfinanzierung einschließlich der kapitalisierten Zinsen durch eine langfristige Finanzierung abgelöst. Die Raten sind so kalkuliert, dass sie die Zins- und Tilgungslast sowie zusätzlich die laufenden Bewirtschaftungskosten decken. Beim Mietkauf geht im Unterschied zum Leasing mit Zahlung der letzten Rate das Eigentum automatisch auf den Nutzer über.

Asset Backed Securities

Die Nutzung der Kapitalmärkte zur Finanzierung von Investitionen gewann in den vergangenen Jahren erheblich an Bedeutung. Mit der Emission von Gläubigerpapieren (z.B. Anleihen) nimmt der Emittent am anonymen Kapitalmarkt einen langfristigen Kredit auf. Die Besicherung der Anleihen erfolgt durch die Verbriefung eigener Forderungen, welche in einen eigens dafür gegründeten, rechtlich selbstständigen Fonds (Einzweckgesellschaft = Special Purpose Vehicle SPV) eingebracht werden. Der Fonds emittiert Schuldverschreibungen, die aus den Zahlungseingängen der Forderungen verzinst und getilgt werden. Eine Form der Schuldverschreibungen sind Asset-Backed Securities (ABS).[72]

Mit ABS-Transaktionen wird u.a. die Erreichung folgender Ziele angestrebt:[73]

- Verbesserung der Liquidität
- Diversifizierung von Refinanzierungsmöglichkeiten
- Zugang zum internationalen Kapitalmarkt
- Verbesserung der Bilanzkennzahlen (Rückführung des Fremdkapitalanteils).

Letztlich steht hinter jeder ABS-Transaktion die Idee, Vermögenswerte (Forderungen) in unmittelbar liquide Finanzmittel zu transformieren und diese Finanzmittel zur Optimierung der unternehmerischen Ziele zu verwenden.

Durch ein hervorragendes Kreditrating werden die Refinanzierungskosten für das Special Purpose Vehicle (SPV) möglichst niedrig gehalten. Das SPV übernimmt in der Regel keine Dienstleistungsfunktionen in Form von Inkasso, Mahnwesen usw., sondern entrichtet hierfür service fees an den Orginator (z.B. Bauunternehmen).

Bei Asset-Backed Securities übernehmen die Emittenten keine Haftung. Die Emission der Schuldverschreibungen kann in Abhängigkeit von der Platzierungskraft der Emittenten durch Eigenemission oder über ein Konsortium erfolgen und ist mit einer Reihe von Transaktionskosten verbunden.

6.2.4 Operatives Geschäft, Entscheidungsstrukturen und Konfliktlösungsmechanismen

Operatives Geschäft

Projektspezifische Rahmenbedingungen

Den Ausgangspunkt für die Beteiligung eines mittelständischen Unternehmens an der privatwirtschaftlichen Realisierung öffentlicher Bauvorhaben bilden stets die vorhandenen projektspezifischen Rahmenbedingungen. Im Einzelnen handelt es sich hierbei um verfügbare Informationen

[72] Vgl. Betsch, Oskar; Groh, Alexander P.; Lohmann, Lutz G. E.: Corporate Finance – Unternehmensbewertung, M & A und innovative Kapitalmarktfinanzierung. München, 1998, S. 210 ff.

[73] Vgl. Arntz, Thomas; Schultz, Florian: Bilanzielle und steuerliche Überlegungen zu Asset-Backed Securities. In: Die Bank, 11/1998, S. 694-697.

- zum Aufgabenumfang
- zur Komplexität des Vorhabens
- zum Investitionsvolumen
- zu Zeitpunkt und Dauer der Ausführung
- zu Lage bzw. Ort der Leistungserbringung

etc.

Erst nach Kenntnis dieser Informationen kann das Unternehmen eine erste Entscheidung über eine etwaige Beteiligung treffen. Die Ausschreibungsunterlagen der öffentlichen Hand bilden dabei die maßgebliche Informationsquelle.

Die Beschaffung der Angebotsunterlagen bei öffentlichen Ausschreibungen in Form einer beschränkten Ausschreibung nach öffentlichem Teilnahmewettbewerb (nichtoffenes Verfahren) oder nach öffentlicher Vergabebekanntmachung (Verhandlungsverfahren) ist schwieriger, da eine Kooperation (Bietergemeinschaft) sich gemeinschaftlich bewerben muss. Der Auftraggeber wählt aus dem Bewerberkreis einige geeignete Teilnehmer aus, die die Ausschreibungsunterlagen erhalten. Das bedeutet, dass ein „lockerer" Unternehmensverbund im Vorfeld des Verfahrens einen Auftraggeber von seiner Eignung überzeugen muss[74]. Nach Durchsicht der Ausschreibungsunterlagen ist es ratsam, die endgültigen Teilnehmer an einer Projektgesellschaft, Betreibergesellschaft bzw. analogen Realisierungsgesellschaft festzulegen, die dann das konkrete Angebot erstellen und am weiteren Verfahren teilnehmen werden.

Bieterkonsortium

In Abhängigkeit vom Ausschreibungsverfahren müssen die Partner zusätzlich zu einer Präqualifikation und Angebotsabgabe auch eine erste Gemeinschaftserklärung oder sogar verbindliche Erklärung ihrer Kooperation abgeben. Unter der Annahme, dass hohe Entwicklungskosten anfallen werden, enthält eine solche Erklärung notwendige Angaben zur Aufgaben- und Kostenverteilung, zu Führungsaufgaben, zur Höhe der beabsichtigten Gesellschafteranteile und zur Einbringung weiterer Gesellschafter. Dieses Bieterkonsortium hat als Vorläufer der Projektgesellschaft die Aufgabe der Angebotsbearbeitung. Es sind nicht nur die Partner mit ihren eigenen Ressourcen bei der Angebotsbearbeitung gefragt, sondern auch eine externe Beratung, insbesondere finanzieller und rechtlicher Art, ist erforderlich und verursacht Kosten. Je höher die Anforderungen an das Bieterkonsortium im Vergabeverfahren sind, desto höher ist die Wahrscheinlichkeit eines reibungslosen Übergangs in die Projektgesellschaft bei einem erfolgreichen Abschluss des Vergabeverfahrens. Der erfolgreiche „Promoter" muss da-

[74] Vgl. Wallau/Stephan, a.a.O., S. 58-60.

raufhin die Organisation der Projektgesellschaft auf das operative Geschäft ausrichten, die an Unabhängigkeit von ihren Gesellschaftern gewinnen sollte und die Bau- und Betriebsphasen organisiert und steuert. Der „Promoter“ begibt sich in die Rolle des Controllers der Projektgesellschaft. Sein Management stellt eine separate Einheit dar, die die Interessen aller Gesellschafter vertritt. Die führende Kraft im Konsortium muss flexibel und aktiv auf die Änderungen der projektspezifischen Rahmenbedingungen reagieren und über eine entsprechende Organisation verfügen, die auch die Zeit zwischen der Ausschreibung bis zur Gründung der Projektgesellschaft überbrücken kann.[75]

Projektgesellschaft

Die Projektgesellschaft bildet den Kern bei einem privatwirtschaftlich realisierten öffentlichen Bauvorhaben und wird in der Regel nach Auftragserteilung formal gegründet. Dabei regelt der Projektrealisierungsvertrag alle Aspekte zwischen öffentlicher Hand und Auftragnehmer. Dies umfasst beispielsweise Regelungen zur Nutzungsüberlassung, die den baulichen Teil betreffenden Aspekte oder den Umfang der Betreiberleistungen.

Die Projektgesellschaft beauftragt dann ihrerseits Planungsbüros für die Konzeption, einen oder mehrere Bauunternehmer für die Ausführungsplanung und Bauleistung sowie einen Betreiber mit Service-, Wartungs- und Instandhaltungsaufgaben. Weiterhin wird die frühzeitige Einbeziehung von externen Beratern notwendig sein. Die Banken können hierbei schon als Finanzberater eingebunden werden, gegebenenfalls unabhängig von der späteren Funktion als Finanzierungsarrangeur oder Financier der Projektgesellschaft.

Die rechtliche Struktur derartiger Projekte ist auf Grund der Vielzahl der Beteiligten und Verträge durch eine hohe Komplexität gekennzeichnet. Bei der Projektgesellschaft wird es sich in aller Regel um eine GmbH oder GmbH & Co. KG handeln. Dabei können als Gesellschafter sowohl die Bauunternehmen als auch Planer, Facility-Manager oder Betreiber auftreten. Bei großvolumigen Projekten können auch mehrere Bauunternehmen als Gesellschafter beteiligt sein, wodurch solche Projekte auch für mittelständische Unternehmen handhabbar sind. Auf Grund der Langfristigkeit derartiger Verträge ist die Aufnahme eines Betreibers in die Reihe der Gesellschafter zu empfehlen.

---

[75] Vgl. Joosten, Rik: Promoter Organisations. In: Merna, Anthony; Smith, Nigel J.: Projects procured by privately financed concession contracts, Vol. 1, 2. Ausgabe, Hong Kong, 1996, S. 59-74.

Entscheidungsstrukturen und Konfliktlösungsmechanismen

Bei der privatwirtschaftlichen Realisierung soll durch die rechtzeitige Einbindung der Planer und Betreiber eine Optimierung der gesamten Lebenszykluskosten erreicht werden. Ein wichtiges Instrument hierfür ist das Value Management (VM).

Unter dem Begriff Value Management versteht man ein systematisches und multidisziplinäres Vorgehen mit der Absicht, ein Projekt aus funktionaler Sicht so zu optimieren, dass die günstigsten Lebenszykluskosten erreicht werden. Ziel des Value Management ist es, die Anforderungen des Bauherrn so effizient wie möglich zu erfüllen. Dazu sind die Anforderungen des Bauherrn genauestens zu analysieren. Beim Value Management-Prozess steht das Projektergebnis im Vordergrund und nicht das Projekt an sich.

Der Value Management-Prozess besteht aus einer Reihe von vorgegebenen und abgestimmten Abläufen, die typischerweise in ein- bis zweitägigen Seminaren (Workshops) stattfinden. In diesen Seminaren werden durch eine Kombination von Brainstorming und funktionaler Analyse eine effizientere Planung und bessere technische Lösungen erarbeitet. Im günstigsten Fall besteht das Value Management-Team aus Fachleuten der am Projekt beteiligten Fachbereiche. Nur so ist gewährleistet, dass eine ganzheitliche Optimierung des Projektes erfolgen kann und Probleme an den Schnittstellen der Fachbereiche (Architekt, Ingenieur, Facility-Manager etc.) weitestgehend vermieden werden. Die Einschaltung eines sogenannten „Value Management Team Facilitator“ oder VM-Koordinators wird empfohlen. Dieser kann den Prozess in die gewünschte Bahn dirigieren und dafür sorgen, dass den Anforderungen des Bauherrn genüge getan wird. Der VM-Koordinator sollte sowohl über bautechnische Kenntnisse als auch über Erfahrungen bei der Leitung von Teams verfügen.

Der Zeitpunkt, zu dem das Value Management zur Anwendung kommt, ist von besonderer Bedeutung, wie in der nachfolgenden Abbildung zu sehen ist.

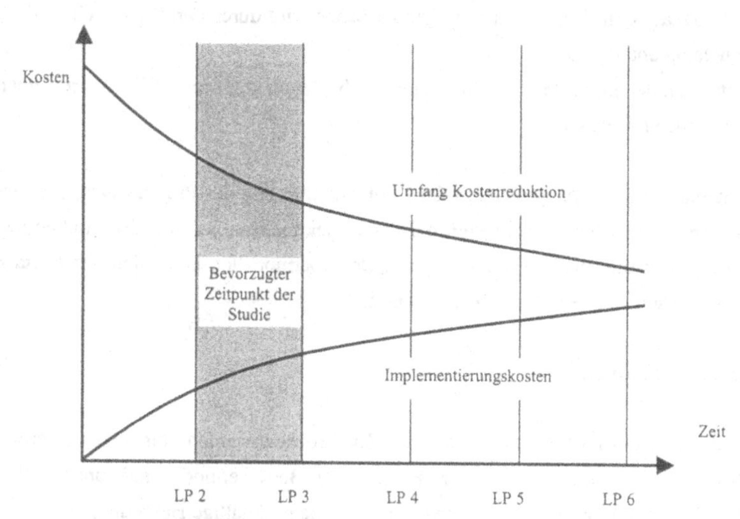

Abbildung 5: Kostenersparnis durch Value Management[76]

Die Abbildung zeigt, dass der größte Einsparungseffekt durch Value Management bei frühzeitigem Einsatz am Anfang des Lebenszyklus zu erreichen ist und mit dem Fortschritt des Projekts immer weiter abnimmt. Zusätzlich nehmen die Kosten für die Implementierung der erarbeiteten Maßnahmen immer weiter zu.[77]

Der optimale Zeitpunkt der VM-Untersuchung liegt zwischen Ideenphase und Entwurfsplanung und sollte spätestens vor der Genehmigungsplanung abgeschlossen sein. Als Faustregel gilt: Je früher betreibungsseitige Planungsmängel entdeckt werden, desto höher ist die Chance eines günstigen Verlaufs der Lebenszykluskosten.

Folgende Vorteile einer Value Management-Untersuchung sind insbesondere im Zusammenhang mit einem Betreibermodell festzuhalten:

- Ein Betreiber kann die Art und Weise der Bereitstellung einer Dienstleistung bestimmen und kann dadurch den Nutzen einer VM-Untersuchung ausschöpfen.
- Mit Hilfe einer VM-Untersuchung kann ein Betreiber die günstigsten Lebenszykluskosten erarbeiten.

---

[76] Vgl. Heichel, Holger: Efficiency gains through value management in PFI-projects.Diplomarbeit am Lehrstuhl für ABWL, speziell Baubetriebslehre der TU Bergakademie Freiberg, Freiberg, 2001, S. 20 mit Bezug auf Expertengespräche: Carter, T.G. (1991/1992).

[77] Privatwirtschaftliche Realisierung öffentlicher Hochbauvorhaben (einschließlich) Betrieb durch mittelständische Unternehmen in Niedersachsen, a.a.O., S. 24.

- Die Risikoanalyse im Vorfeld einer Angebotsabgabe wird durch den Einsatz einer VM-Untersuchung unterstützt.
- Der Betreiber, der ein Projekt für eine lange Zeit begleitet, kann den vollen Nutzen einer VM-Untersuchung ausschöpfen.

Eine VM-Untersuchung soll hauptsächlich der Zusammenführung des Projektteams, der Zuwendung zu den verschiedenen Problemen bei der Projektrealisierung und der Erarbeitung innovativer Lösungen dienen. In Verbindung mit Betreibermodellen kann sich der Einsatz einer VM-Untersuchung als sehr vorteilhaft erweisen.

Konfliktlösungsmechanismen[78]

Die herkömmlichen Konfliktlösungsverfahren wie Zivilprozesse werden komplexen Streitigkeiten wie bei Bauvorhaben, insbesondere im Rahmen von Betreibermodellen, kaum gerecht, weil sie nur Teilprobleme lösen können und vor allem keine nachhaltige Befriedung der streitenden Beteiligten erreichen. Besser geeignet ist in diesem Zusammenhang eine Konfliktlösung auf dem Verhandlungsweg (Mediation).

Mediation als Konfliktlösungsmethode hat sich vor allem in den USA vor ca. 30 Jahren entwickelt und sich auch in Europa eingebürgert, so vor allem in Großbritannien, in der Schweiz oder im Bankensektor.

In der Mediation bearbeiten die im Widerstreit stehenden Parteien ihren Konflikt unter Einschaltung von Dritten. Die Tätigkeit des Mediators soll den Parteien helfen, eine Lösung des Konflikts zu finden. Mediation ist ein außergerichtlicher Weg. Im Unterschied zu einem Gerichts- oder Schiedsgerichtsverfahren, einer Schlichtung oder einem Vergleich bestimmen die Parteien selbst über ihre Möglichkeiten und die Ergebnisse. Die in der Mediation angewandten Verfahren, Methoden und Techniken sind Gesprächs- und Verhandlungshilfen für die Parteien.

Im Allgemeinen eignet sich die Mediation für Streitigkeiten mit mehreren Beteiligten, wie etwa in Konsortien oder in Dauerbeziehungen, in denen Regelbedürftigkeit vor Konflikt steht und eine gegenseitige Abhängigkeit besteht und bei vertraulichen Sachverhalten, so z.B. bei betrieblichen Interna einer Projektgesellschaft.

---

[78] Vgl. Bösch, Peter: Baustreitigkeiten und Mediation [1]. In: PBG aktuell, 2/1998, S. 5 ff., www.bb-nomos.ch/pbg.htm, 18.12.2002, und SiB – Gesellschaft zur Schlichtung und Mediation in Bank- und Bausachen, www.sib-gmbh.com/bank/loesung.htm, 18.12.2002.

Die Konfliktlösung mittels Mediation im Falle von Streitigkeiten sollte vertraglich vereinbart werden. Sie soll die Überlebensfähigkeit eines Konsortiums von KMU unterstützen, indem die Konfliktlösung so erfolgt, dass ein Konsens erzielt, Vertrauen wiederhergestellt und die künftige Zusammenarbeit geregelt werden.

7 Voraussetzungen in KMU

Der Erfolg mittelständischer Bauunternehmen bei der privatwirtschaftlichen Realisierung öffentlicher Aufgaben hängt in der Regel von einigen Grundvoraussetzungen ab, die die Unternehmensleitung herstellen muss, bevor ein PPP-Projekt begonnen wird oder generelle strategische Überlegungen angestellt werden, PPP als neues Geschäftsfeld anzugehen. Daneben gibt es eine Vielzahl von speziellen Voraussetzungen, die abhängig von der jeweiligen Aufgabenstellung variieren. Auf diese projektspezifischen Vorausetzungen wird anhand der Beispiele für Arbeitsfelder PPP in KMU in *Kapitel 9* eingegangen.

Wirtschaftlich gesundes Unternehmen als Basis

Die Fähigkeit, PPP-Projekte als neues Geschäftsfeld erfolgreich durchführen zu können, ist direkt im Zusammenhang mit der Marktstellung in den Kerngeschäftsfeldern zu sehen.

Nach Wischhof[79] sind Merkmale eines schlagkräftigen, wirtschaftlich gesunden Unternehmens:

- Erzielung eines nachhaltigen Cashflows
- Wachstum in den Kerngeschäften
- Gute Positionierung im Vergleich zum Wettbewerb
- Hoher Auslastungsgrad
- Innovations- oder Verfahrensvorsprung
- Hoher Bekanntheitsgrad im relevanten Markt
- Anwendung kontinuierlicher Verbesserungsprozesse (KVP) zur Weiterentwicklung
- Definierte und fixierte Strategie mit formulierten Detailzielen und konsequenter Umsetzung durch die Geschäftsführung. Konsequentes Finanzmanagement im Unternehmen, dies umfasst eine instrumentell gestützte Liquiditäts- und Finanzplanung, budgetorientierte Verhaltensweisen.
- Professioneller Umgang mit dem Prinzip Make-or-Buy sowie weiteren Kalkulations- und Controllinginstrumenten.

Der Einstieg in PPP-Projekte durch ein mittelständisches Bauunternehmen sollte nur von schlagkräftigen, wirtschaftlich gesunden Unternehmen gewählt werden und keinesfalls

[79] Wischhof, Karsten; Bastuck, Stefanie; Pfiffer, Wolfdieter; Stöppler, Ralf-Stefan: Strategien für mittelständische Bauunternehmen in Europa. Hrsg.: Rationalisierungs- und Innovationszentrum der Deutschen Wirtschaft (RKW), Eschborn, 2000.

genutzt werden, um ein sowieso „kränkelndes“ Unternehmen zu sanieren. Durch die in der Regel langfristig angelegten PPP-Projekte wird ein kurzfristiger Erfolg die Ausnahme sein.

Zuverlässige Informationen über Bedarfs-/Nachfrage- und Wettbewerbssituation sowie über mögliche Kooperationspartner

Eine erste Informationsbeschaffung über Chancen und Risiken bei der privatwirtschaftlichen Realisierung kann z.B. über informelle Kooperationen mit befreundeten Unternehmen erfolgen. Ein wichtiges Ziel von informellen Kooperationen für PPP kann dabei die Schaffung von Marktübersicht sein (siehe *Kapitel 5.1*).

Wichtige Informationen, die vorhanden sein sollten, betreffen den regionalen Markt, d.h. insbesondere Informationen über konkret mögliche öffentliche Aufgaben, die privatwirtschaftlich realisiert werden können. Gute Kontakte zu den Kommunen durch lokale Kompetenz sind dabei eine Grundvoraussetzung, auch um eventuell vorhandenen Bedarf an privatwirtschaftlich zu realisierenden Projekten in konkrete Nachfrage wandeln zu können. Weitere notwendige Informationen sollten bezüglich der Wettbewerbsintensität sowie bezüglich der Anzahl und Struktur möglicher Konkurrenten vorhanden sein. Als mögliche Konkurrenten können dabei auch Betreiber auftreten. Die Informationsbeschaffung über mögliche Kooperationspartner wurde ausführlich in *Kapitel 6* „Managen von Kooperationen“ beschrieben und soll hier nicht wiederholt werden. Zur positiven und negativen Selektion der Partner sollte in jedem Fall vorab eine Aufgaben- und Problemanalyse durchgeführt und im Rahmen einer Potenzialanalyse die Anforderungen an mögliche Partner formuliert werden. Wichtige Voraussetzung dazu ist das Vorhandensein bzw. die Schaffung und Nutzung von regionalen Netzwerken. Der beste Zugang zu bestehenden Netzwerken ist dabei über persönliche Kontakte zu einzelnen Mitgliedern des Netzwerkes zu bewerkstelligen.

Ausrichtung auf langfristigen Charakter von privatwirtschaftlicher Realisierung

Ein zentrales Merkmal von PPP ist die Optimierung der Gesamtnutzungskosten durch einen möglichst ganzheitlichen lebenszyklusbezogenen Ansatz. Beim langfristigen Engagement im Geschäftsfeld privatwirtschaftliche Realisierung öffentlicher Aufgaben ist deshalb kein kurzfristiger Erfolg zu erwarten. Das Engagement sollte vielmehr als langfristige strategische Entwicklungsmöglichkeit gesehen werden, bei der die Erweiterung des Tätigkeitsfeldes eine sinnvolle Ergänzung zum bisherigen Geschäft sein sollte.[80] Vor dem Einstieg in das Geschäftsfeld sollten deshalb ein möglichst detailliert ausgearbeitetes Unternehmenskonzept mit

[80] Ebd.

strategischen Zielsetzungen vorliegen und eine langfristige Entwicklung der personellen Ressourcen erfolgt sein. Auch in betriebswirtschaftlicher Hinsicht muss eine Ausrichtung auf den langfristigen Charakter privatwirtschaftlicher Realisierung erfolgen. Damit sind insbesondere das interne Rechnungswesen und Controlling, die langfristige Bereitstellung von Eigenkapital für Projektgesellschaften, aussagefähige langfristige Kalkulationsgrundlagen[81], die Erweiterung des Risikomanagementsystems auf die Betreiberphase sowie die Beachtung der erhöhten Vorlaufkosten (z.B. Bietungsaufwand, Anwaltskosten) bei privatwirtschaftlichen Realisierungsprojekten gemeint.[82]

Management-Ressourcen

Die Bildung von Kooperationen mittelständischer Bauunternehmen für ein Engagement im Geschäftsfeld PPP setzt einen vorlaufenden, zumindest aber simultanen Prozess der Unternehmensentwicklung voraus. Dazu sind fachlich qualifizierte und entscheidungskompetente Führungspersönlichkeiten unabdingbar. Das Geschäftsfeld kann nicht „nebenbei" aufgebaut werden. Erforderlich sind Führungsfähigkeiten, Visionen, zusätzliche Kommunikation im Unternehmen, der Aufbau eines entsprechenden Wissensmanagementsystems, die erforderliche Personalentwicklung, Kompetenz zu Fragen der Personalübertragung, Innovationsfähigkeit, Erweiterung des Netzwerkes zu Lieferanten, Nachunternehmern, Beratern, Ingenieurbüros, Angebotspartnern, speziell zu professionellen Unternehmen für die Betriebsphase. Außerdem ist eine Anpassung der Unternehmensorganisation vonnöten. Das bedeutet, dass für die Realisierung privatwirtschaftlicher Projekte eine strategische Geschäftseinheit einzurichten ist.[83]

Aufbau von technischem, kaufmännischem, rechtlichem und organisatorischem Know-how

Ein mittelständisches Bauunternehmen wird im Geschäftsfeld privatwirtschaftliche Realisierung öffentlicher Aufgaben in der Regel nur eine Chance haben, wenn spezielles technisches, kaufmännisches, rechtliches und organisatorisches Know-how vorhanden ist bzw. zugekauft werden kann. Der eigene Leistungsvorsprung sollte objektiv vorhanden, kommunizierbar und nachhaltig sein. Die notwendige rechtliche und steuerliche Kompetenz muss aufgebaut werden, wobei in der Regel Rechtsexperten hinzuzuziehen sind, speziell für die Gründung der Projektgesellschaft, für das Vergabe-, Finanzierungsrecht und für das Vertrags-

[81] Vgl. zu den unterschiedlichen Kalkulationsformen im Ingenieurbau: Jacob, Dieter; Winter, Christoph; Stuhr, Constanze: Kalkulationsformen im Ingenieurbau. Berlin, 2002.
[82] Vgl. Privatwirtschaftliche Realisierung öffentlicher Hochbauvorhaben (einschließlich Betrieb) durch mittelständische Unternehmen in Niedersachsen, a.a.O., S. 25.
[83] Vgl. ebd., S. 25.

management. Im technischen Bereich sind Kompetenzen für die Betreiberphase (z.B. Gebäudeinstandhaltung, Wartung, Betrieb, sonstige Dienstleistungen) notwendig, die in der Regel von einem Kooperationspartner aus dem Bereich Betreibung erbracht werden. Gleiches gilt auch für die erforderliche vorzuhaltende technische Ausrüstung und Logistik.[84]

Die Beziehungsqualität in der Kooperation wird wesentlich vom Umfang und der Qualität der Kommunikation beeinflusst. Die Informationstechnologie bietet sich dabei zur Komplexitätsbewältigung an. Kommunikationsplattformen können über IuK-Technologien abgewickelt werden. So können alle Daten, die eine Firma im Rahmen der Kooperation erzeugt, z.B. auf einem für alle Beteiligten zugänglichen Rechner gespeichert werden. Jede Firma kann jederzeit auf die wichtigsten Daten (Dokumente, Pläne, Mails etc.) zurückgreifen und neue hinzufügen. Eine Software übernimmt dann die automatische Benachrichtigung der betroffenen Firmen per E-Mail, Fax oder SMS. Baustellen können mittels Notebook oder anderer mobiler Endgeräte direkt angebunden werden. Die IuK-Technologie übernimmt dabei die Funktion eines Katalysators. Problematisch sind dabei die oft unterschiedlichen Software-Versionen der Kooperationsteilnehmer, die den Datenaustausch erschweren, die mögliche Überinformation der Teilnehmer und die Datensicherheit. Leistungsfähige, aufeinander abgestimmte EDV-Systeme und -Programme sind also unabdingbar.

Finanzielle Ressourcen

Wie bereits beschrieben, sollten nur „gesunde" mittelständische Bauunternehmen den Einstieg ins Geschäftsfeld PPP vornehmen. Voraussetzungen sind finanzielle Stabilität sowie ausreichende Liquidität und Rücklagen, um die notwendigen Vorlaufkosten tragen zu können. Zudem sollte man sich dessen bewußt sein, dass sich die betreffenden Unternehmen kapitalmäßig an ein bestimmtes Projekt binden – und das über einen relativ langen Zeitraum. In Großbritannien beispielsweise beträgt der Eigenkapitalanteil im Bereich Schulen und Gefängnisse ungefähr zwischen 8 und 10 %. Sofern ein Projekt die Finanzkraft einer Kooperation mehrerer Mittelständler überfordert, wären auch die Einbindung von institutionellen Eigenkapitalinvestoren, mittelstandsorientierten Dritten oder der Endkunden/ Bürger z.B. in Form von Genossenschaften, die Allianz von Mittelständlern mit einem Baukonzern oder der frühzeitige Ausstieg aus der Projektgesellschaft denkbare Optionen.[85] Daher sind große, umfangreiche Privatisierungsmaßnahmen als Einstieg für mittelständische Bauunternehmen eher weniger geeignet.

---

[84] Vgl. ebd., S. 25.
[85] Vgl. ebd., S. 26.

8 Hemmnisse und Handlungsempfehlungen

8.1 Hemmnisse

Generelle Hemmnisse

- Für eine privatwirtschaftliche Realisierung einiger öffentlicher Aufgaben ist eine Re-Regulierung von Märkten erforderlich, damit wettbewerbliche Verhältnisse (Effizienzfaktor!) gesichert werden. Als Beispiel seien leitungsgebundene Infrastrukturen genannt. So hat die Öffnung des Strommarktes wegen offener Fragen beim Durchleitungsentgelt nicht durchgreifend zu effizienzsteigernden Wettbewerbsverhältnissen geführt. Insbesondere bei Infrastrukturen mit teuren Netzen und technisch begrenztem Zugang weiterer Anbieter (z.B. Fernwärme und Abwasserbeseitigung), die als natürliche Monopole anzusehen sind, ist die Wirkung von Markt und Wettbewerb eingeschränkt, zumal ein Ausweichen des Endkunden rechtlich oft durch Anschluss- und Benutzungszwang unmöglich ist.

- Wegen

  – der Mindestgröße der PPP-Vorhaben (-bündel)
  – der Funktionalausschreibung (Outputorientierung)
  – des Nachfragemonopols der öffentlichen Hand gegenüber KMU

  ist bei kleinen Unternehmen mit Schwierigkeiten und daher mit Widerständen zu rechnen, weil eine unstrukturierte Ausweitung von PPP-Vorhaben diese kleinen Unternehmen überfordern und damit benachteiligen würde. Von daher ist eine Öffnung von PPP-Vorhaben auch für kleinere Unternehmen zu ermöglichen, was durch Standardisierung und durch Erleichterungen von kooperativen Zusammenschlüssen dieser Unternehmen unterstützt werden kann.

Hemmnisse bei den Unternehmen

- Generell ist festzustellen, dass die Beteiligung an Unternehmenskooperationen bei PPP-Vorhaben *zahlreiche und hohe Anforderungen* an die Unternehmen stellt. Es bestehen hohe Eintrittsschwellen, insbesondere wegen der Langfristigkeit der Vorhaben und wegen der erforderlichen hohen Vorleistungen sowohl bei der strategischen Geschäftsfeldentwicklung als auch bei der Vorbereitung der einzelnen PPP-Vorhaben. Als Problem erscheint auch, dass diese Eintrittsschwellen von den Unternehmen in einem Schritt überwunden werden müssen und ein schrittweiser Eintritt in den PPP-Markt schwierig ist, da eine Tendenz zur Reduzierung bzw. Absenkung von Eintrittsschwellen gegenwärtig nicht zu erkennen ist.

- Kooperation bietet die Chance, gemeinsam mit mehreren Partnern die Eintrittsschwelle in den PPP-Markt „leichter" zu überwinden. Dieses Kooperationserfordernis ist aber gleichzeitig eine neue Hürde, die von den Unternehmen bewältigt werden muss. Kooperation hat also einen Januskopf-Charakter: Kooperation hilft, Defizite zu überwinden, setzt aber gleichzeitig die Überwindung von (Kooperations-)Defiziten voraus *(*siehe *Kapitel 7*).

- Die Outputorientierung (z.B. durch Funktionalausschreibung) verlangt höhere Vorleistungen und damit Vorleistungskosten z.B. durch Übernahme von Planungsleistungen und Vorklärung der Finanzierung. Hemmnis sind damit sowohl die *höheren anfänglichen Kosten* als auch die *höheren fachlichen Anforderungen*. Hemmnis ist auch, dass diese Vorleistungen nicht von einzelnen am Wettbewerb teilnehmenden Unternehmen erbracht werden müssen, sondern von Kooperationen, so dass auch der Koordinierungsaufwand für die *kooperative Angebotserstellung* zur Vorleistung wird.

- Hemmnis für ein langfristiges Engagement der Unternehmen ist nicht nur die längere Kapitalbindung, sondern auch die bisherige wesentlich kurzfristigere Handlungsorientierung der Unternehmen und der Kapitaleigner (kurzfristiger shareholder value), die durch *langfristigere Handlungs- und Erfolgsorientierung* ersetzt werden müsste. Das bedeutet auch eine Ausrichtung auf lang andauernde Kooperationen. Das verlangt auch ein langfristig ausgerichtetes Controlling (und entsprechendes Kooperations-Controlling).

- Die gemeinsam von den Kooperationspartnern erarbeiteten Problemlösungen und Planungen müssen den Kooperationspartnern zugute kommen. Wie können spätere Erträge aus dem (jetzt höheren) anfänglichen Aufwand für die Kooperationspartner gesichert werden? Wie kann ein „Ausbooten" eines Kooperationspartners verhindert werden? Wie kann eine *(projekt-)life-cycle-lange Chancen- und Risikobeteiligung* gesichert werden? Es ist aber fraglich, ob eine so lange Bindung sinnvolle Anreize für kleinere Unternehmen bildet.

- Für den *Wechsel der Federführung* in der Kooperation im Zeitablauf, z.B. vom Bauunternehmen zum Betreiber, fehlen Erfahrungen und Regelungen, die risikogerecht und an der Gesamteffizienz orientiert sind.

- Wenn *Kooperationen scheitern*, geschieht dies oft in der Initiierungsphase; allerdings ist das empirisch abgesicherte Wissen darüber gering. In der itb-Untersuchung zur Entwicklung innovativer Dienstleistungen im Handwerk[86] bewerteten die beteiligten Unternehmen ihre Kooperationserfahrungen sogar zu 70 % als gut bis sehr gut. Als Gründe für ein mögliches Scheitern wurden u.a. mangelnde Verbindlichkeit, nicht zueinander passende Partner und fehlende wirtschaftliche Notwendigkeit genannt. Ferner können Kooperationen eine schleichende Umwandlung von Kooperationen mit gleichberechtigten autonomen Partnern zu mehr hierarchischen, asymmetrischen Verhältnissen erfahren. Allerdings können hierarchisch strukturierte Kooperationen durchaus stabil und effizient sein, wenn durch eine entsprechende „pflegliche" Unternehmenskultur dafür gesorgt wird, dass die Interessen aller Partner berücksichtigt werden und das Know-how aller Partner einfließen kann.

- Notwendig ist das Praktizieren eines *kooperativen Koordinations- und Steuerungsmodus* (mit der erforderlichen Offenheit und Verbindlichkeit) zwischen den Unternehmen. Hier fehlen oft die Kenntnisse und Erfahrungen. Auch gibt es oft Vorbehalte gegen die erforderliche Offenheit.

- Das von unternehmerischen Kooperationspartnern einzubringende Wissen und deren „Ideen" verlieren zumindest teilweise ihre Eigenschaft, einen Beitrag zur Alleinstellung des Kooperationspartners zu leisten. Probleme ergeben sich bei rechtlich ungeschütztem bzw. nicht schützbarem Wissen. Schwierig ist auch die Ermittlung des Preises für das einzubringende Wissen. Das gilt auch bei durch Schutzrechten geschütztem Know-how. Soll geschütztes Know-how anders entgeltet werden als ungeschütztes? Auf der anderen Seite ist das (kostengünstige) Einbringen von Wissen, z.B. von Betreiber-Know-how, eine wichtige Effizienzvoraussetzung. Generell lässt sich das vorliegende Hemmnis als *gekoppeltes Effizienz- und Kooperationshemmnis durch Probleme mit dem Wissenstransfer in die Kooperation* bezeichnen.

- Die Unternehmensseite hat oft *wenig Kenntnisse und Erfahrungen im Gebiet des öffentlichen Rechts*. Dies dürfte bei Erschließungsträgern und Ver- und Entsorgungsunternehmen noch am ehesten gegeben sein.

- Es bestehen weiterhin Hemmnisse für eine wirtschaftlich verantwortliche Einbindung von *freiberuflich tätigen Planern* in PPP-Projekte (Standesrecht, Steuerrecht, Versicherungsbedingungen, Bauvorlageberechtigung, HOAI, ...). Gerade Planer sind aber für den Langzeiterfolg von PPP-Objekten verantwortlich. Daher wären hier Erleichterungen für eine Erfolgs- und Risikobeteiligung der Planer sinnvoll. Hier sind aber auch Widerstände von

[86] Baumann, M.; Heinen, E.; Holzbach, W.: Entwicklung innovativer Dienstleistungen im Handwerk. Hrsg: Deutsches Handwerksinstitut, Institut für Technik der Betriebsführung (Karlsruhe); Quelle: www.itb.de/projekt/dl2000/pdf/DL-Inno.pdf von 24.02.2003.

Seiten der Interessenverbände wegen der Aufhebung der Trennung von Planung und Ausführung zu erwarten.

Hemmnisse zwischen Unternehmen und öffentlicher Hand

- Es gibt einen höheren Bedarf an *vorvertraglicher Kommunikation.* Vorvertragliche Kommunikation ist oft erforderlich, z.B. zur Partnersuche, zur fachlichen und wirtschaftlichen Leistungsbeschreibung, zur rechtlichen Ausgestaltung, zur möglichen Akzeptanz innovativer, alternativer Problemlösungen. Diese vorvertragliche Kommunikation ist aufwendig, zum Teil rechtlich schwierig, und sie darf keinen Marktteilnehmer benachteiligen.

- Es scheint einen Mangel privatwirtschaftlich zu realisierender Aufgaben mit einem mittelstandgerechtem fachlichem und größenmäßigem Zuschnitt zu geben. Ein Grund könnte u.a. darin liegen, dass insbesondere die Banken PPP-Vorhaben wegen der Prüf- und weiteren Transaktionskosten erst ab einer relativ hohen Mindestgröße „anpacken". Auch ergeben sich einige Effizienzsteigerungen erst ab einer je nach Handlungsfeld unterschiedlichen Mindestgröße des Einzelprojektes bzw. erst ab einer Mindestzahl gleicher Projekte (Skaleneffekte). Bei einer Bündelung gleicher oder ähnlicher Projekte durch die öffentliche Hand muss darauf geachtet werden, dass mittelstandsgeeignete Größenordnungen für Bau und Betrieb nicht überschritten werden. Diese Vorgehensweise der öffentlichen Hand wäre dann auch wettbewerbsförderlich, da der Kreis möglicher Anbieter größer würde.

- Es gibt sehr viele unterschiedliche Verfahren und Abläufe bei PPP-Vorhaben und bei Kooperationen. Auf beiden Ebenen ist eine *Standardisierung von Verfahren,* Abläufen und Verträgen erforderlich, um die Transaktionskosten zu senken. Eventuell ist Rechtssetzung erforderlich, z.B. ein PPP-Rahmengesetz.

- An die öffentliche Hand besteht die Anforderung zur *Reduzierung der Zahl der Ansprechpartner bzw. zum Schnittstellenmanagement.* Ein Ansprechpartner bei der öffentlichen Hand ist PPP-förderlicher als viele aufgesplitterte Einzelzuständigkeiten. Zu beachten ist, dass sich die Schnittstelle zwischen Privaten und öffentlicher Hand inhaltlich ändert. Auch die fachlichen Anforderungen, die an die Vertreter der öffentlichen Hand gestellt werden, verlagern sich z.B. von baulich-technischen Kompetenzen zu mehr ökonomischen und rechtlichen Kompetenzen.

- Es gibt *keine einheitlich angelegten Wirtschaftlichkeitsvergleiche* für öffentliche und unterschiedliche PPP-Lösungen. Hier besteht Forschungs-, Standardisierungs- und vor allem Umsetzungsbedarf. Bei den Wirtschaftlichkeitsrechnungen werden gegenwärtig langfristige Aspekte (z.B. Betriebskosten) nicht ausreichend beachtet. Auch sollten die Kompetenzen und die Datengrundlagen für Wirtschaftlichkeitsprüfungen der Rechnungshöfe verbessert werden. Das Haushaltsrecht und die Kameralistik erschweren gegenwärtig langfristige Wirtschaftlichkeitsbetrachtungen. Eine Kosten- und Leistungsrechnung (KLR) würde dazu beitragen, entsprechende Datengrundlagen zu schaffen.

- Schwer zu lösen erscheint die Aufrechterhaltung des Effizienz sichernden *Wettbewerbs bei Dauerschuldverhältnissen.*

- PPP-Verträge unterliegen vielen Rechtsgebieten: Zivilrecht, Steuerrecht, Wirtschaftsrecht, Verwaltungsrecht, Haushaltsrecht, Kommunalverfassungsrecht, Wettbewerbsrecht.

Hemmnisse bei der öffentlichen Hand

- Die öffentliche Hand legt den Fokus angesichts der Haushaltsengpässe eher auf die *kurzfristige finanzielle Entlastung* als auf die langfristige Effizienz, z.B. durch Verkauf von Anteilen an Kapitalgesellschaften in öffentlichem Eigentum.

- Bund, Länder und Gemeinden verhalten sich politisch und verfahrensmäßig *uneinheitlich* zu PPP-Vorhaben. Dies erschwert den Unternehmen den Zugang und die Orientierung im Markt. Um den Markt für PPP-Vorhaben zu entwickeln, ist eine stärkere Akzeptanz und Vereinheitlichung der PPP-Verfahren notwendig.

- Gegenwärtig mangelt es auch an einer ausreichenden Anzahl an PPP-Vorhaben in Deutschland. Ein hinreichender *Deal-flow* ist aber Voraussetzung für Rationalisierung und Standardisierung.

- Es gibt Probleme vergaberechtlicher Art, da die bisherigen Standardverfahren der Komplexität nicht angemessen erscheinen. Auch ist das Vergaberecht wegen seiner (in der Praxis) starken Preisorientierung nicht ausgesprochen mittelstandsförderlich.

- Bei der *Beherrschung von Funktionalausschreibungen besteht ein Engpass* bei der öffentlichen Hand, da bisher meist auf der Basis einer vorliegenden Planung nach Fachlosen bzw. Gewerken ausgeschrieben wurde. Es bestehen auch Engpässe beim Wirtschaftlichkeitsvergleich und bei der Leistungskontrolle. Die Leistungskontrolle ist Bestandteil des Vertragsmanagements. Gerade bei komplexen Leistungen und outputorientierten Leistungsbeschreibungen sind Leistungsmängel schwerer zu identifizieren und streitgeneigt. Bei der öffentlichen Hand sollte die entsprechende Sachkunde gestärkt werden.

- Auch bei Funktionalausschreibungen, die ja eigentlich die Voraussetzung für Outputorientierung sind, erfolgen häufig *Überspezifizierungen*, so dass die Problemlösungskompetenz der Unternehmensseite nicht voll genutzt werden kann.

- Es gibt ein politisches Interesse an der Aufrechterhaltung von Einfluss- und *Gestaltungsmöglichkeiten* bei PPP-Projekten, die über die reine Zweckerfüllung hinausgehen. Daraus können Widerstände erwachsen bzw. die Gefahr entstehen, dass die Outputorientierung unterlaufen wird. Auch kann durch legitimationsorientierte Einfluss- und Gestaltungsinteressen der nicht unwesentliche Nebeneffekt von PPP-Projekten für eine Verwaltungsmodernisierung verloren gehen.

- Eine zunehmende Verlagerung öffentlicher Aufgaben in eine privatwirtschaftliche Realisierung kann Forderungen nach einer stärkeren *transparenten und wirksamen demokratisch legitimierten Kontrolle* mit sich bringen. Dies gilt insbesondere bei Aufgaben, bei denen für den Bürger kein Ausweichen auf Wettbewerber möglich ist (natürliche Monopole, Anschluss- und Benutzungszwang). Ein Lösungsansatz wäre die Trennung von Netzeigentum und Netzbetrieb.

- Die Finanzströme verändern sich bei verstärkter privatwirtschaftlicher Realisierung öffentlicher Aufgaben mit leistungsbezogener Entgelterhebung. So kann es zu Forderungen nach *Steuersenkungen* kommen, wenn vom Bürger vermehrt bzw. höhere Nutzungsentgelte an private Betreiber entrichtet werden müssen. Dies betrifft aber nur einen Teil der Handlungsfelder für PPP.

- Bei der privatwirtschaftlichen Realisierung öffentlicher Aufgaben ergeben sich Probleme mit den Beschäftigten, die mit diesen Aufgaben bisher bei der öffentlichen Hand betraut waren. Hier kann sich ein erheblicher Personalüberhang ergeben. Die *Personalüberführung* kann schwierig werden und Effizienzverluste mit sich bringen.

- Die privatwirtschaftliche Realisierung einiger öffentlicher (und zum Teil hoheitlicher) Aufgaben setzt *Änderungen in Fachgesetzten* voraus, wie z.B. in den Landeswassergesetzen, um eine weitgehende Privatisierung der Abwasserbeseitigung zu ermöglichen.

Finanzierung

- Der *Engpass Finanzierung* bleibt bestehen. Die Suche nach geeigneten mittelstandsorientierten Finanzpartnern bleibt schwierig. Bei schwierigen Finanzverhältnissen kann den Unternehmen von einer Eröffnung neuer Geschäftsfelder nur abgeraten werden. Daher können nur finanziell sehr gut dastehende Unternehmen PPP-Vorhaben und -Kooperationen initiieren. Es besteht ein Bedarf an innovativen Finanzierungsinstrumenten, die auch zur Lösung der Problematik des mangelnden Eigenkapitals beitragen (z.B. Eigenkapital unterfütternde Fonds, Infrastrukturfonds). Angesichts der finanziellen Engpässe bei der öffentlichen Hand und bei der Bauwirtschaft könnte eine Einbindung mittelstandsorientierter Dritter oder der Endkunden/Bürger z.B. in Form von Stiftungen/Genossenschaften weiterführen, z.B. analog zu den Elektrizitätsgenossenschaften im Münsterland und in Bayern.

- Gegenwärtig entstehen bei den Finanzierungspartnern von PPP-Vorhaben relativ hohe Transaktionskosten, weshalb kleinere und mittelstandsgerechte Projektzuschnitte erschwert sind.

- Die ganzheitliche Realisierung von öffentlichen Aufgaben bzw. auch Teilaufgaben (Planung, Finanzierung, Bau, Betrieb, Verwertung baulicher Anlagen) kann auf Grund von *Subventions- und öffentlichen Finanzierungsregelungen* erschwert sein. Solche Erschwernisse können z.B. bei Mischfinanzierungen von Maßnahmen der Gemeinschaftsaufgaben bzw. mit Finanzhilfen des Bundes auftreten. Diese Probleme können sowohl durch die vorgegebene unterschiedliche Förderung von Planungs-, Finanzierungs-, Bau- und Betriebskosten als auch bei innovativen einzelzwecküberschreitenden Nutzungskonzepten zur Generierung zusätzlicher Einnahmen entstehen. In den rechtlichen Grundlagen bzw. in den Förderrichtlinien fehlt zum Teil die notwendige Flexibilität, z.B. in Bezug auf die Mittel und Wege der Zweckerreichung und der Einbindung von effizienzsteigernden Nebenzwecken.

Abgabenrechtliche Hemmnisse

- Ein Hemmnis für die stärkere Einbindung von Privaten ist die Ungleichbehandlung von öffentlicher Hand und Privaten in Bezug auf verschiedene Steuern, z.B. Umsatzsteuer, Grundsteuer, Gewerbesteuer, Ertragsteuern. Besonders gravierend ist die Umsatzsteuer, weil immer dann, wenn die öffentliche Hand mit eigenem Personal arbeitet, in der Regel keine Umsatzsteuer anfällt. Wird dagegen outgesourct, entsteht Umsatzsteuerpflicht, für die die öffentliche Hand nicht vorsteuerabzugsberechtigt ist. In den Niederlanden und Großbritannien wird das Problem durch eine umsatzsteuerliche Rückerstattung (tax refund) gelöst.

- Teilprivatisierte Leistungen bleiben öffentliche Leistungen und unterliegen daher dem Gebührenrecht. Kostendeckungsprinzip (Kostendeckungsgebot und Kostenüberschreitungsverbot), Äquivalenzprinzip und Sozialstaatsprinzip müssen beachtet werden. Strittig ist, inwieweit Abschreibungen, Zinsen, Subventionen, Wagniskosten, Gemeinkosten sowie eventuelle externe Effekte berücksichtigt werden können. Im Gegensatz zu privaten Entgelten besteht für Gebühren keine Kalkulationsfreiheit.

8.2 Handlungsempfehlungen

- Um dem Effizienzfaktor Wettbewerb zur Wirksamkeit zu verhelfen, ist in einigen Handlungsfeldern für PPP eine Re-Regulierung von Märkten erforderlich. Ohne Re-Regulierung wäre eine effizienzorientierte privatwirtschaftliche Realisierung dann auf Teilleistungen im Auftrag der öffentlichen Hand beschränkt, was innovative Gesamtoptimierungen von komplexen Aufgaben erschwert.

Unterstützung der Unternehmensseite

- Sinnvoll wären Maßnahmen zur Absenkung von Entrittsschwellen für KMU für einen erleichterten Eintritt in den PPP-Markt (siehe auch nachfolgende Punkte).

- Um kleinere mittelständische Unternehmen vom PPP-Markt nicht auszuschließen, sollte die öffentliche Hand bei der Formulierung von PPP-Vorhaben Komplexität und Umfang der Projekte bzw. Vorhabenbündel begrenzen und mittelstandsorientiert zuschneiden. Dies wird aber nicht in allen Handlungsfeldern möglich sein.

- Beim Vorhabenzuschnitt sollte berücksichtigt werden, welche Kooperationen zwischen KMU in baubezogenen Geschäftsfeldern gegenwärtig schon erprobt sind und sich daher zur privatwirtschaftlichen Realisierung eher bilden könnten. Die Bildung von Kooperationen sollte von der öffentlichen Hand angeregt und unterstützt werden. Eine Unterstützung bilden auch ausreichende Vorlaufzeiten, damit sich neue Kooperationen mittelständischer Unternehmen bilden und koordinieren können.

- Eine Erleichterung einer schrittweisen Annäherung an den PPP-Markt könnte darin liegen, dass mittelständische Kooperationen für Planung und Ausführung, die für den Effizienzfaktor Outputorientierung entscheidend sind, dadurch erleichtert werden, dass die auch durch öffentliche Vorschriften geförderte Trennung von Planung und Ausführung zumindest durch Ausnahmeregelungen relativiert wird.

- Es müssen effiziente Formen des Wissensaustausches und des gemeinsamen Planens von Architekten und Ingenieuren, ausführenden Unternehmen und Betreibern gefunden und implementiert werden (Forschung, Erfahrungsaustausch, Modellvorhaben).

- Wegen der hohen Anforderungen an Unternehmen und Eintrittsschwellen in den PPP-Markt wären generell geförderte Modellvorhaben sinnvoll, wobei der Engpassfaktor Finanzierung ausgeräumt werden muss. Allein schon die Anforderungen aus erweiterter Risikoübernahme, Outputorientierung, Life-cycle-Ansatz und Kooperationserfordernis bilden hohe Hürden für die Zielgruppe.

- Unterstützung könnte auch durch geförderte Forschungs- und Umsetzungsvorhaben oder Modellprojekte zum Thema Kooperations-Controlling erfolgen.

- Es wäre sinnvoll, Regelungs-/Vertragsmuster für Kooperationen für PPP-Vorhaben anzubieten. Regelungsgegenstände wären z.B. die projekt-life-cycle-lange Chancen- und Risikobeteiligung, Wechsel der Federführung im Projektablauf, Anreize für bzw. Sanktionsmechanismen gegen kooperationsschädliches Verhalten, Entgelte für das Einbringen von „besonderem“ Know-how einzelner Kooperationspartner, Schutz gemeinschaftlicher Erfindungen, Regelungsmechanismen für Konflikte und Problemlösungen der Vertragspartner bei relationalen (also unvollständigen) Verträgen. Sinnvoll wäre auch, das Beratungsangebot zu verbessern, bzw. besser bekannt zu machen.

- Für die wirtschaftliche Beteiligung von Freiberuflern in den PPP-Kooperationen muss eine berufsrechtlich, steuerrechtlich, preisrechtlich (HOAI), bauordnungsrechtlich (Planvorlageberechtigung!) mögliche und versicherungspraktische Lösung gefunden werden.

Veränderungen bei der öffentlichen Hand

- Auf der Seite der öffentlichen Hand wäre eine Standardisierung der gegenwärtig sehr unterschiedlichen Verfahren und Anforderungen an Unternehmen notwendig. Wegen der Bedeutung der kommunalen Aufgaben wäre vorrangig eine ländergrenzenüberschreitende Standardisierung für kommunale PPP-Vorhaben sinnvoll. Dazu gehört, dass auch die Schnittstelle zwischen dem öffentlichen Partner und den Privaten für eine rationelle Kommunikation vereinheitlicht und konzentriert wird.

- Die Verwaltungen müssen in Bezug auf Kompetenzen und Organisation von PPP-Vorhaben besser aufgestellt werden. Engpässe bei der Bündelung der Kompetenzen zu klaren konzentrierten Ansprech- und Schnittstellen und mangelnde Fachkompetenzen wie z.B. für Funktionalausschreibungen und Leistungskontrolle müssen durch Organisationsreform und Qualifizierung beseitigt werden.

- Zur Standardisierung gehört auch, dass ökonomisch vertretbare, klare und einheitlich angelegte Wirtschaftlichkeitsvergleiche gefunden und angewendet werden. Durch Einführung von Kosten- und Leistungsrechnung sollte auch die Datenbasis für Wirtschaftlichkeitsvergleiche verbessert werden. Da Wirtschaftlichkeitsvergleiche zwischen Angebotsalternativen Zuschlagskriterium sind, ist eine Abstimmung mit weiteren Zuschlagskriterien, wie z.B. der Bewertung der Leistungsfähigkeit der Anbieter, sinnvoll.

- Um PPP-Projekte in Deutschland optimaler gestalten zu können, ist ein hinreichender Deal-flow erforderlich. Ohne hinreichenden Deal-flow lohnt sich der Entwicklungsaufwand für die beteiligten Unternehmen und öffentlichen Körperschaften nicht.

- PPP-Vorhaben müssten im Vergaberecht mittelstands- und outputorientiert erleichtert werden, z.B. durch Veränderungen der Grundsätze des Vergaberechts, Mittelstandsförderungsgesetz, GWB, VOL, VOB, VOF. Funktionalausschreibungen und leistungsoptimierende Verhandlungsverfahren müssten erleichtert werden, wobei auch die Frage von Entgelten für abgelehnte Bewerber, eventuell analog zu den Grundsätzen und Richtlinien für Wettbewerbe auf den Gebieten der Raumplanung, des Städtebaus und des Bauwesens – GRW 1995 –, nicht ausgeklammert werden sollte. Preisrechtliche Hemmnisse (HOAI) sollten weiter abgebaut werden, um die Chancen- und Risikobeteiligung der Planer besser zu ermöglichen.

- Es ist ein größeres Bewusstsein für langfristige Effizienz anstelle kurzfristiger finanzieller Entlastung bei der öffentlichen Hand und den bestimmenden Gremien notwendig. Eine Reduzierung effizienzmindernder Gestaltungsansprüche wäre hilfreich, stattdessen sollte eine Stärkung von Transparenz und wirksamen Kontrollmöglichkeiten bei der Abwicklung von PPP-Vorhaben erfolgen.

- Abbau von PPP-Hemmnissen in den Förderrichtlinien und deren Rechtsgrundlagen, z.B. Vermeidung von ausschließlich auf Förderung von Investitionen ausgerichteten Finanzhilfen, bessere Berücksichtigung von optimierten Gesamtlösungen.

- Die Suche nach innovativen Finanzierungsinstrumenten, auch unter Beteiligung der Nutzer, muss fortgesetzt werden.

- Abbau steuerrechtlicher Hemmnisse für PPP-Projekte, z.B. durch Gleichbehandlung von öffentlicher Hand und Privaten oder entsprechende Ausgleichsmechanismen, insbesondere bei der Mehrwertsteuer.

9 Beispiele für Arbeitsfelder PPP für mittelständische Bauunternehmen

Nachfolgend werden die bisherigen Ergebnisse der Untersuchung auf konkrete Aufgaben/ Projekte angewendet. Aus den in *Kapitel 4* beschriebenen Handlungsfeldern wurden vier Bereiche ausgewählt, bei denen Marktpotenziale für Kooperationen von mittelständischen Bauunternehmen zu erwarten sind. Im Einzelnen handelt es sich um

- Sanierung und Gebäudemanagement von Schulen
- Privatwirtschaftliche Realisierung von Gefängnissen (von der Größenordnung her am obersten Rand, aber für Kooperation großer Mittelständler möglicherweise noch geeignet)
- Betrieb von sozialen und kulturellen Infrastruktureinrichtungen am Beispiel von Schwimmbädern
- Unterhaltung und Betrieb von Fernstraßen.

Die vier Beispiele sind einheitlich untergliedert: An die Darstellung der möglichen Aufgaben und Tätigkeitsbereiche für Kooperationen mit Beteiligung mittelständischer Bauunternehmen schließt sich eine Betrachtung der Übertragbarkeit auf Private an. Anschließend werden die Anforderungen an die beteiligten Unternehmen bzw. die erforderlichen Kernkompetenzen erläutert. Die Darstellung von Beispielen und ein Fazit runden das betrachtete Aufgabenfeld ab.

9.1 Sanierung und Gebäudemanagement von Schulen

Rahmenbedingungen für das Schulwesen in Deutschland

Die Aufsicht für das gesamte Schulwesen obliegt in Deutschland dem Staat. Zuständig für die Gesetzgebung sind hierbei die einzelnen Bundesländer, welche entsprechende Schulgesetze und Hochschulgesetze erlassen haben. Hier werden u.a. Regelungen hinsichtlich der verschiedenen Schularten, der Schulaufsicht und Schulentwicklungsplanung getroffen. Die einzelnen Bundesländer haben abweichende Festlegungen u.a. bei den Schularten getroffen. Daneben existieren spezielle Gesetze über die Schulaufsicht. Die Schulaufsicht soll die Einhaltung der gesetzlichen Vorschriften durch die Schulträger gewährleisten.[87]

In den Bundesländern Nordrhein-Westfalen und Hessen wird beispielweise unterschieden in Grund-, Haupt-, Realschulen, Gymnasien, Berufliche Schulen, Sonderschulen, Gesamtschu-

[87] Vgl. Jacob/Kochendörfer et.al., Effizienzgewinne (2002), a.a.O., S. 51 f.

len und Volkshochschulen. In anderen Bundesländern wurden Sekundarschulen anstelle von Haupt- und Realschulen eingerichtet.

Entsprechend den landesrechtlichen Vorschriften wird das Recht zur Errichtung und Betreibung von Schulen auch privaten Trägern eingeräumt. Der Betrieb privater Schulen bedarf allerdings der Genehmigung durch den Staat und liegt somit in dessen Ermessen[88].

Der geschätzte Investitionsbedarf im Schulsektor beträgt laut einer Difu-Studie 8,27 Mrd. EUR pro Jahr und bildet somit den höchsten Bedarf in den Kommunen. In der nachfolgenden Tabelle ist der Investitionsbedarf für den Zeitraum 2000 bis 2009 getrennt für die alten (ABL) und neuen (NBL) Bundesländer dargestellt.[89]

Aufgabengebiet				2000 bis 2009	jährlich
				Mrd. EUR	Mrd. EUR
Schulen	Neubau	Allgemeinbild. Schulen	ABL	14,62	1,46
			NBL	0,56	0,06
		Berufsbildende Schulen	ABL	2,91	0,29
			NBL	4,06	0,40
	Erweiterung	Gebäude	ABL	18,15	1,82
			NBL	4,65	0,47
	Ersatz		ABL	32,52	3,25
			NBL	5,22	0,52
	gesamt			**82,69**	**8,27**

Tabelle 20: Geschätzter Investitionsbedarf im Schulbereich 2000 - 2009

Für Sportstätten wird zusätzlich ein Investitionsbedarf in Höhe von 2,01 Mrd. EUR vorhergesagt.

Neben dem untersuchten Investitionsbedarf besteht ein erheblicher Bedarf an Sanierungen und Erweiterungen von Schulen, welcher u.a. aus dem vorhandenen Investitionsstau resultiert. Eine genaue Bezifferung des Bedarfs ist auf Grund der Unterschiedlichkeit der technischen Ausrüstungen etc. in den Schulen nicht möglich. Ein zusätzliches Problem stellt die Belastung der Schulen mit den giftigen und krebsauslösenden PCB`s (Polychlorierte Biphenyle) dar.

[88] Ebd., S. 51.
[89] Vgl. Reidenbach, a.a.O., S. 189 ff. und Kapitel 4.4.1.

9.1.1 Mögliche Aufgaben und Tätigkeitsbereiche für Kooperationen mit Beteiligung mittelständischer Bauunternehmen

Die einzelnen Teilaufgaben der Sanierung und des Betriebes von Schulen sowie deren Übertragbarkeit auf Private als auch der bisherige Status der Aufgabenerfüllung sind in der nachfolgenden Tabelle zusammengefasst dargestellt.

Aufgabe	Teilaufgabe	Übertragbarkeit	Aufgabenerfüllung bisher durch	
			Öffentliche Hand	Privates Unternehmen
Baumaßnahmen	Planung	ja	(x)	x
	Vergabe	ja	x	
	Bauausführung	ja		x
	Abnahme	ja	x	
Betreibung	Schulentwicklungsplanung	nein	x	
	Lehre	(ja)	x	(x)
	Beschaffung Lehrmaterial	ja	x	
	Hausmeisterdienste	ja	x	
	Reinigung	ja	x	x
	Catering	ja	x	x
	Schülerbeförderung	ja		x
	Sicherheitsdienste	ja	(x)	x
	Heizung	ja		x
	Wasser / Abwasser	ja		x
	Elektrotechnik	ja		x
	IT, Telefon	ja		x
	Instandhaltungsarbeiten	ja		x

Tabelle 21: Teilaufgaben der Sanierung und Betreibung von Schulen und Übertragbarkeit auf Private

In Abhängigkeit von der jeweils zuständigen Gebietskörperschaft werden gegenwärtig bereits eine Vielzahl der Aufgaben des Schulbetriebes durch Private realisiert. Zu nennen sind hierbei u.a. die Ausschreibung und Vergabe von Reinigungsleistungen, aber auch Hausmeisterdienste, welche in einigen Städten über speziell dafür gegründete Organisationen (Eigenbetriebe) in Form von Poollösungen sichergestellt werden.

9.1.2 Übertragbarkeit von ausgewählten Teilaufgaben auf Private

Obwohl das Schulwesen Angelegenheit der Länder ist, ist es doch durch die individualrechtlichen und institutionellen Garantien des Art. 7 GG bundesrechtlich vorgeprägt. Nach Art. 7 Abs. 1 GG steht das gesamte Schulwesen unter der Aufsicht des Staates. Sie beschränkt sich nicht auf die allgemeine Gefahrenabwehr, sondern enthält einen aktiven Gestaltungsauftrag. Dem Staat wird ein originärer Erziehungs- und Bildungsauftrag zugewiesen[90]. Ihm korrespondiert die landesrechtlich konkretisierte Schulpflicht[91]. In organisatorischer Hinsicht geht das Grundgesetz von einem Mischsystem aus staatlichen Regelschulen und privaten Ersatzschulen aus (Art. 7 Abs. 4 u. 5 GG). Obwohl die Förderung des Privatschulwesens staatliche Pflicht ist[92], erscheint eine grundsätzliche Aufgabenprivatisierung des Schulwesens im Kernbereich des Erziehungs- und Bildungsauftrages von Verfassung wegen unzulässig. Dies schließt nicht aus, dass sich das öffentliche Schulwesen nicht auch in Teilbereichen der Dienste Privater bedienen kann. Maßstab dafür sind die Regelungen des jeweiligen Landesrechts. Das Schulrecht des Landes Brandenburg wird dabei als normativer Orientierungsrahmen gewählt.

Öffentliche Schulen sind nichtrechtsfähige öffentliche Anstalten eines öffentlichen Schulträgers (vgl. § 6 BdbSchG). Sie bestimmen im Rahmen der Rechts- und Verwaltungsvorschriften ihre pädagogische, didaktische, fachliche und organisatorische Tätigkeit selbst (vgl. § 7 Abs. 1 S. 1 BdbSchG). Damit ist eine Differenzierung zwischen öffentlicher Trägerschaft und internem Schulbetrieb angelegt. Die Schulträgerschaft gehört zu den pflichtigen Aufgaben der kommunalen Selbstverwaltung. Sie konzentriert sich auf die Bereitstellung der Schulinfrastruktur. Die Differenz zwischen Lehrbetrieb und Infrastruktur zeigt sich auch in der Ausgestaltung der Dienstverhältnisse. Die Lehrkräfte und das andere pädagogische Personal stehen in einem Dienstverhältnis zum Land (vgl. § 67 BdbSchG). Das sonstige nichtpädagogische Personal steht nicht in einem Dienstverhältnis zum Land (§ 68 Abs. 2 BdbSchG), sondern in einem Dienstverhältnis zum Schulträger. Die Personalkosten für die Lehrkräfte und das sonstige pädagogische Personal trägt das Land (§ 108 Abs. 2 BdbSchG). Die Sachkosten trägt der Schulträger (§ 108 Abs. 4 i.Vm. § 110 BdbSchG). Schulträger für Grundschulen sind die Gemeinden (§ 100 Abs. 1 BdbSchG), Täger von weiterführenden allgemeinbildenden Schulen sind grundsätzlich die Kreise und kreisfreien Städte (§ 100 Abs. 2 BdbSchG). Entsprechendes gilt für die Oberstufenzentren (§ 100 Abs. 3 BdbSchG).

---

[90] Vgl. nur Entscheidungen des Bundesverfassungsgerichts (BverfGE) 34, 165 <182>; 47, 46 <71>; 52, 223 <236>.

[91] Vgl. BVerfGE 34, 165 <187>.

[92] Vgl. BVerfGE 75, 40 <63>.

Die Differenzierung zwischen internem Schulbetrieb und infrastrukturellen Voraussetzungen gilt es für die Diskussion der Privatisierung öffentlicher Aufgaben fruchtbar zu machen. Im Folgenden wird davon ausgegangen, dass nicht die Privatisierung des internen Schulbetriebs Gegenstand der Untersuchung ist, sondern die Übernahme von Aufgaben des Schulträgers. Nach § 99 Abs. 2 S. 1 BdbSchG beschließt der Schulträger über die Errichtung, Änderung und Auflösung und verwaltet die Schule als pflichtige Selbstverwaltungsaufgabe. Die Beschlussfassung über die Errichtung, Änderung und Auflösung von Schulen gehört zu den immanenten Voraussetzungen des staatlichen Erziehungs- und Bildungsauftrags und ist damit im Kern privatisierungsresistent. Der Schulträger hat darüber hinaus nach § 99 Abs. 2 S. 1 BdbSchG die Schulanlagen, Gebäude, Einrichtungen, Lehrmittel und das sonstige Personal zu stellen. Im Modus der Bereitstellung dieser infrastrukturellen Voraussetzungen des Schulbetriebs liegt eine Option für die Entwicklung von Betreibermodellen durch Private.

In § 99 Abs. 2 BdbSchG liegt eine Gewährleistungsverpflichtung des Schulträgers, für eine funktionsfähige Schulinfrastruktur zu sorgen. Dieser kann sich der Schulträger nur im Rahmen des § 105 BdbSchG entledigen, nicht aber durch eine von ihm betriebene Aufgabenprivatisierung. Aus der Gewährleistungsverpflichtung ist allerdings nicht zwingend abzuleiten, dass Schulanlagen, Gebäude, Einrichtungen oder auch Lehrmittel notwendigerweise Eigentum des Schulträgers sein müssen. Er kann sich hier auch der Dienste Dritter bedienen. Schulanlagen und Gebäude können bereits nach dem Schulgesetz auch angemietet oder gepachtet werden (so dezidiert § 110 Abs. 2 Nr. 2 BdbSchG). Unbedenklich erscheint es auch, wenn Gebäude des Schulträgers, in denen Schulbetrieb stattfindet, einem Dritten zum haustechnischen Betrieb übergeben werden. Es ist ebenfalls kein rechtlicher Grund ersichtlich, warum Einrichtungen oder Lehrmittel nicht auch geleast oder gemietet werden könnten. Hier bieten sich also Möglichkeiten, dass Schulträger sich zur Erfüllung ihrer Gewährleistungsverpflichtung eines privaten Betreibers von geeigneten Gebäuden und anderen Einrichtungen bedienen. Damit sind allerdings auch einige rechtliche Risiken verbunden. Nutzungsverträge können gekündigt werden, vertragliche Verpflichtungen schützen grundsätzlich nicht gegen einen Eigentümerwechsel, sie schließen auch nicht die Zwangsvollstreckung in das Vermögen des Betreibers aus. Dieses Risiko verringert sich entscheidend, wenn der Schulträger weiterhin Eigentümer der Gebäude bleibt. Im Weiteren verkompliziert sich die Verantwortungslage in den Fällen der zivilrechtlichen Haftung. Auch diese Risiken können durch geeignete rechtliche Vorkehrungen verringert, aber nicht ausgeschlossen werden. Sie müssen im Einzelfall abgewogen werden, stehen der Nutzung eines privaten Betreibermodells jedoch nicht grundsätzlich entgegen.

Ein Betreibermodell beschränkt sich in der Regel nicht auf die Bereitstellung von Sachen, sondern schließt gerade auch das dafür erforderliche Personal ein. Im Bereich der Schulinfrastruktur kommen dabei nicht nur die klassischen Hausdienste in Betracht, sondern auch Schreib- oder Versorgungsdienstleistungen (z.B. Mensa). Die hier Beschäftigten zählen zum sonstigen nichtpädagogischen Personal. Es steht nach dem dienstrechtlichen Konzept des brandenburgischen Schulgesetzes anders als die Lehrkräfte (vgl. § 67 BdbSchG) nicht in einem Dienstverhältnis zum Land, sondern in einem Dienstverhältnis zum Schulträger (§ 68 Abs. 2 S. 2 BdbSchG). Es stellt sich damit die Frage, ob es nicht auch von einem privaten Betreiber gestellt werden könnte. Der Wortlaut des Gesetzes sperrt sich zunächst gegen eine solche Ansicht. Stellt man allerdings auf den Sinn und Zweck dieser Regelung ab, so zeigt sich, dass sich ihre Funktion in der Zuordnung des sonstigen Personals zum Kostentragungsbereich des Schulträgers erschöpft (§ 108 Abs. 3 BdbSchG). Wenn dem Schulträger die Nutzung der von Dritten bereit gestellten sächlichen Mittel von Gesetzes wegen nicht verwehrt ist, so muss dies auch für die Nutzung der von ihm angebotenen personellen Ressourcen gelten, soweit sie für internen Schulbetrieb keine entscheidende Rolle spielen.

9.1.3 Anforderungen an Unternehmen / Kernkompetenzen

Auf die Voraussetzungen der mittelständischen Unternehmen für Kooperationen wurde in *Kapitel 7* bereits eingegangen. Erst durch die Beteiligung an einer Kooperation ist es für den Großteil dieser Unternehmen möglich, sich den Markt der Realisierung von öffentlichen Aufgaben zu erschließen. Fraglich ist, welche der möglichen Kooperationsformen für die Realisierung des jeweiligen Projektes in Betracht kommt. Auf Grund der Komplexität der Vorhaben und deren Langfristigkeit dürfte das sogenannte Betreibermodell (vgl. dazu *Kapitel 5.2*) hauptsächlich zur Anwendung kommen.

Die projektspezifischen Rahmenbedingungen, d.h. die jeweiligen Aufgaben, die der Private im Rahmen seines Betreibervertrages längerfristig über 25 bis 30 Jahre zu leisten hat, bestimmen die Anforderungen an eine KMU-Kooperation und beinhalten weitgehende Teile des Lebenszyklus eines Vorhabens.

Projektentwicklungs- und Planungsanforderungen

Um den speziellen Anforderungen des Schulbetriebs gerecht werden zu können, sind Referenzen und Erfahrungen im Zusammenhang mit der Entwicklung und Planung von Schulgebäuden notwendig. Beispielsweise sind schultypische Bewegungsabläufe, Vorschriften, räumliche Zusammenhänge, aber auch die Haltbarkeit der Baukonstruktion und der technischen Anlagen zu berücksichtigen. Die Planung ist hinsichtlich des Betriebes einer Schule (Betriebskosten einschließlich Wartung und Instandhaltung) zu optimieren. Trotz allem sollte aber ein architektonisch überzeugendes Endprodukt angestrebt werden, das die Anforderungen und Ansprüche der Kommune oder Stadt erfüllt.

Bauanforderungen

Bei den Bauanforderungen sind nicht nur allgemeine Bauleistungen erforderlich, sondern die Schlüsselfertigstellung des gesamten Bauvorhabens von der Erschließung bis zur vollendeten Gestaltung der Außenanlagen und Ausstattung des Gebäudes. Auch hier bilden Referenzen und Erfahrungen mit dem jeweiligen Schultyp eine wichtige Voraussetzung. Bei der Sanierung von Schulgebäuden sind darüber hinaus weitere Erfahrungen erforderlich, beispielsweise der Umgang mit gesundheitsschädlichen Substanzen wie Asbest oder PCB. Dabei sind häufig nicht nur die Ausführung an sich, sondern auch das Schadensausmaß und der insgesamt notwendige Aufwand zu ermitteln.

Die Ausstattung und die technischen Einrichtungen sind schulischen Anforderungen anzupassen – gerade im Hinblick auf Robustheit und Anfälligkeit für Vandalismus. Baukosten und Bauzeit müssen strengstens eingehalten werden, damit die Inbetriebnahme zum geplanten Zeitpunkt erfolgen kann und somit das Entgelt des Auftraggebers vereinnahmt werden kann. Die Mängelbeseitigung sollte sich in Grenzen halten, damit keine Kürzungen beim Entgelt durch den Auftraggeber vorgenommen werden.

Betriebsspezifische Anforderungen

Mit Ausnahme des Lehrbetriebs könnten alle weiteren Aufgaben von der KMU-Kooperation erbracht werden, wenn dies der Auftraggeber verlangt. So können über das infrastrukturelle Gebäudemanagement hinaus beispielsweise auch Reinigungsleistungen, Hausmeisterdienste und Schulspeisung vom Privaten angeboten werden. Dies erfordert allerdings die Erfahrung eines professionellen Betreibers, da ein Bauunternehmen alleine Schwierigkeiten haben dürfte, nur mit Einzellösungen und eingekauftem Know-how die Leistungen optimal zu erbringen. Die Verzahnung der Projektplanung mit dem anschließenden Schulbetrieb ist Voraussetzung für eine optimierte Bewirtschaftung und günstige Lebenszykluskosten. Zur Erschließung von zusätzlichen Einnahmequellen sollte die KMU-Kooperation Erfahrungen mit alternativen Nutzungsmöglichkeiten von schultypischen Anlagen haben. Zu denken wäre beispielsweise an eine Sporthalle mit Mehrzweckcharakter, die für außerschulische Veranstaltungen genutzt werden kann. Eine weitere Möglichkeit wäre die Nutzung der Räumlichkeiten der Schule außerhalb der Schulzeiten.

9.1.4 Beispiele für Schulbaumaßnahmen und die Betreibung von Schulen

9.1.4.1 Beispiel für ein Schulbauprojekt in Großbritannien

Das nachfolgende Beispiel bezieht sich auf ein Schulprojekt im Südwesten von England[93]. Die Ausschreibung umfasste Planung, Errichtung, Finanzierung, Betrieb und Erhaltung. Anfänglich sollte eine Schule neu errichtet und zwei bestehende Schulgebäude saniert werden. Der Betrieb (z.B. Gebäudeinstandhaltung, Hausmeisterdienst, Schulspeisung, jedoch keine Lehre) sollte anschließend über eine Laufzeit von 30 Jahren erfolgen. Die Analyse der durch diese Variante entstehenden Betriebskosten (seitens des Auftragnehmers) ergab jedoch, dass ein kompletter Neubau der Schulgebäude wirtschaftlicher durchzuführen ist. Das Bauvolumen betrug ca. 34 Mio. Pfund.

Projektbeteiligte und Projektstruktur

Der Auftraggeber ist eine lokale Schulbehörde. Diese erteilt einer eigens für das Projekt gegründeten Projektgesellschaft (SPV – Special Purpose Vehicle) die Konzession zum Bau und zur Bereitstellung der Dienstleistungen. Die Projektgesellschaft besteht in diesem Fall aus zwei Unternehmen, die sich mittels „non-recourse financing" (das heißt bei Zahlungsschwierigkeiten kein Rückgriff auf Mutterunternehmen, sondern nur auf Projektgesellschaft möglich) absichert. Im Gegenzug dazu steht den Finanzierern ein starkes Mitspracherecht bei der vertraglichen Ausgestaltung zu.

[93] Das ausführliche Beispiel befindet sich bei: Jacob/Kochendörfer et al., Effizienzgewinne (2002), a.a.O., S. 33-41.

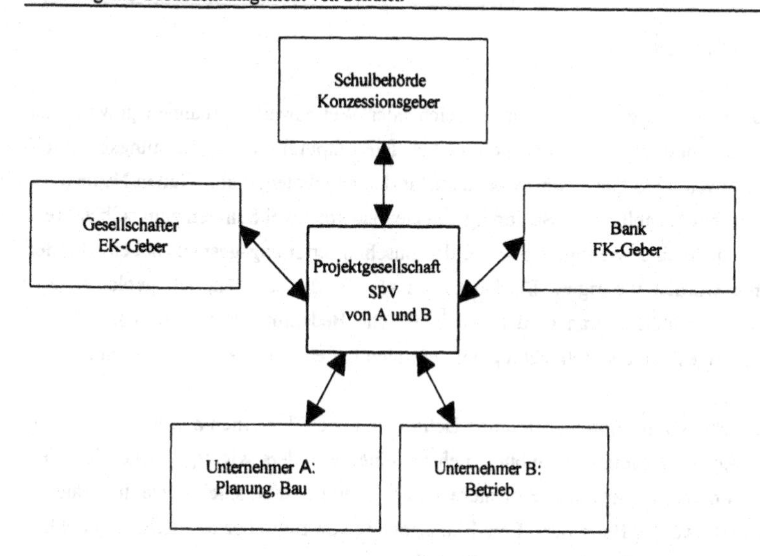

Abbildung 6: Übersicht über die Projektbeteiligten und -struktur bei Schulen in GB

Risikoverteilung

Das Nutzungs- oder Volumenrisiko übernimmt die öffentliche Hand. Somit erfolgt die Bezahlung der Projektgesellschaft auf der Grundlage von verfügbaren Schülerplätzen und nicht auf der Basis absoluter Schülerzahlen.

Das Finanzierungsrisiko trägt die Projektgesellschaft. Zinsschwankungen während der Vertragslaufzeit wird mittels eines Swap-Geschäftes vorgebeugt. Die Zinsfixierung greift allerdings erst mit Abschluss der Finanzierung.

Die mit Planung und Bau verbundenen Risiken übernimmt der Konzessionsnehmer. Durch das Abwälzen dieser Risiken und etwaiger Schadenersatzforderungen im Hinblick auf eine termingerechte Lieferung auf den Subunternehmer kann sich die Projektgesellschaft relativ schadlos halten.

Weitere Einflussfaktoren

In diesem konkreten Projekt scheint ein ausreichender Wettbewerb vorhanden gewesen zu sein, der zu einer innovativen Lösung geführt hat. Die outputorientierte Leistungsbeschreibung hat den notwendigen Gestaltungsspielraum für den angebotenen kompletten Neubau eröffnet. Das Angebot, anstelle einer Sanierung den Neubau von zwei Schulen zum selben Preis vorzunehmen, dürfte eine wichtige Rolle bei der Zuschlagserteilung gespielt haben. Bei der Neubauvariante wurden niedrigere Betriebskosten als bei der ursprünglich geplanten Sanierungsvariante ermittelt. Daran wird deutlich, welche Bedeutung der Langfristigkeit des Konzessionsvertrages und der Betrachtung der gesamten Lebenszykluskosten zukommt.

Da die Projektgesellschaft Planung, Bau und Betrieb an andere Unternehmen weitervergeben hat, spielt die Auswahl geeigneter Subunternehmer eine besonders wichtige Rolle, denn die Qualität des mit dem Bau beauftragten Unternehmens beeinflusst beispielsweise die späteren Instandhaltungskosten des Betreibers. Eine Einbeziehung von Betreiber und Lehrpersonal bereits in der Planungs- und Bauphase ist von Vorteil.

Die Zahlungen der Schulbehörde an die Projektgesellschaft finden monatlich statt. Dabei ist ein Anteil in Höhe von 45 % indexiert, die restlichen 55 % sind fixiert. Das bedeutet, dass die Zahlungen bei fehlender Verfügbarkeit von Schülerplätzen oder Schlechtleistung reduziert werden können. Die Höhe der Minderung wird dann mit Hilfe eines detaillierten Messsystems ermittelt. Neben den leistungsabhängigen Zahlungen hat die Projektgesellschaft von der Schulbehörde eine Einmalzahlung erhalten, da durch den Neubau der Schulen Grundstücksteile der alten Schulobjekte frei geworden sind und durch die Gemeinde anderweitig genutzt werden können.

9.1.4.2 Beispiel einer geplanten Schulsanierung in Deutschland

Am Beispiel der Stadt Offenbach in Hessen soll die Situation im Bereich der Sanierung von Schulen nachfolgend erörtert werden. Ausgangspunkt der Überlegungen bei der Stadt war der schlechte bautechnische Zustand einer Schule, an der u.a. eine grundlegende Dachsanierung erforderlich war. Die Sanierungskosten wurden auf ca. 10 Mio. DM seitens der Stadtverwaltung geschätzt. Es mussten Alternativlösungen gefunden werden, da aus haushaltstechnischen Gründen eine Sanierung kurzfristig nicht zu finanzieren war. Eine diesbezügliche Variante war die Kombination des Neubaus einer Schule auf einem angrenzenden Grundstück (Ackerfläche), dem anschließenden Abriss der alten Schule und die Errichtung von Wohnhäusern auf dem bisherigen Schulgelände in Form eines kleinen neuen Stadtteils.

Im Rahmen eines Interessenbekundungsverfahrens wurden zunächst Baufirmen befragt, ob diese die Schule zum Festpreis bauen. Als Bezahlung sollte das alte Schulgelände an das ausführende Bauunternehmen veräußert bzw. übertragen werden. Seitens der Unternehmen wurde neben der Grundstücksübertragung eine Zuzahlung seitens der Stadt gefordert. Für die Stadt Offenbach war auch auf Grund der haushaltstechnischen Situation die vorgeschlagene Option der Zuzahlung nicht realisierbar. Mithin wurde eine weitere Variante für den Schulbau gesucht und in der Gründung einer Entwicklungsgesellschaft gefunden. Ziel der Gesellschaft war die Realisierung des Schulbaus ohne eine Zuzahlung der Stadt.

Die Stadt bringt das Schulgrundstück in eine von ihrer Entwicklungsgesellschaft geführte Kommanditgesellschaft (KG) ein. Die Entwicklungsgesellschaft betätigt sich als Bauträger und soll in großem Umfang auch Aufgaben der Stadt (Kanalisation) ausführen. Alternativ soll die Finanzierung über sogenannte Folgekostenvereinbarungen erfolgen. Durch diese Kalkulation entstehen bei der KG keine Gewinne. Außerdem entfällt bei der Einbringung der Grundstücke in die KG die Zahlung der Grunderwerbsteuer (Stadt bleibt Eigentümer). Diese fällt erst beim späteren Verkauf an den bzw. die Bauherren an. Bei einem Erwerb des Grundstücks durch eine Baufirma wäre diese zur Zahlung der Grunderwerbsteuer verpflichtet gewesen. Durch den späteren Bauherrn wäre dann erneut die Grunderwerbsteuer zu zahlen. Da davon auszugehen ist, dass diese Mehrkosten sich direkt auf die Miethöhe auswirken würden, erfolgt durch die KG-Variante eine direkte Kosteneinsparung bei der Stadt. Die rechtliche Zulässigkeit derartiger Vertragsgestaltungen muss allerdings im Einzelfall vor Abschluss der Verträge geprüft werden.

Grundgedanke des Modells ist die Finanzierung von schulischen/städteplanerischen Baumaßnahmen in Kombination mit dem Verkauf von Grundstücken und deren Projektentwicklung, z.B. in Form der Errichtung von Wohnhäusern. Die Erschließungs- und Entwicklungsgesellschaft mbH (EEG) der Stadt Offenbach gründet für diesen Zweck die RSW GmbH & Co. KG, welche eine 100 %-ige Tochter der EEG ist. Ein städtebaulicher Vertrag zwischen der Stadt Offenbach und der RSW nach dem BauGB wird ausgehandelt. 100 %-iger Kommanditist ist die Stadt Offenbach. Als Komplementär tritt die EEG auf. Die Grundstücke der Stadt dienen als Kommanditeinlage. Es existiert eine Bürgschaft für den kommunalen Teil der Beteiligung.

Vorteile dieses Modells sind u.a.:

- Es fällt keine Grunderwerbsteuer bei der erstmaligen Übertragung an.
- Die Grundstücke können zum tatsächlichen Verkehrswert später verkauft werden.

Nachteile (Risiken) dieses Modells:

- Die Stadt übernimmt in Form der Beteiligung Risiken aus dem Bauträgergeschäft.
- Im Gegensatz zu privaten Baufirmen kann ein Bauprojekt nicht so einfach gestoppt werden.
- Erst wenn der Bau zu 100 % abgeschlossen ist, sind die Vorleistungen gedeckt.
- Es besteht eine Abhängigkeit von der gesamt-/bauwirtschaftlichen Situation.

Ziel dieses Modells ist es außerdem, nicht nur die Baukosten zu decken, sondern im Bestfall auch einen Gewinn zu erwirtschaften. Fraglich ist, inwieweit es sich im Falle der Gewinnerzielung um eine Beeinträchtigung der Gemeinnützigkeit der Stadt handelt. Dies wäre im Einzelfall u.a. steuerrechtlich zu prüfen.

Dieses obige Grundmodell soll zunächst bei vier aktuellen Projekten der Stadt Offenbach Anwendung finden:

Ernst-Reuther-Schule in Rumpenheim

Hier wurde, wie bereits oben beschrieben, das alte Schulgebäude abgerissen. Auf dem frei gewordenen Gelände werden private Wohngebäude errichtet. Einige Bauabschnitte sind bereits fertiggestellt. Durch den Verkauf der Grundstücke und der Gebäude wird der mittlerweile abgeschlossene Neubau der Grundschule finanziert. Bis zum endgültigen Verkauf aller Grundstückteile macht sich eine Vorfinanzierung durch den Bauträger (EEG) erforderlich. Auf Grund der konjunkturellen Situation stellt sich allerdings gegenwärtig die Veräußerung als schwieriger als angenommen heraus. Daraus resultiert das Risiko, dass die vollständige Deckung der Baukosten momentan in Frage gestellt ist. Bei einer Inanspruchnahme der Bürgschaft kämen dann auf die Stadt Offenbach die bisher vermiedenen Zuzahlungen zu.

Sektionsmodell Ludwig-Dern-Schule / Anne-Frank-Schule

Hierbei handelt es sich um die Erweiterung einer Schule um den Neubau eines Pavillons auf dem Gelände der Anne-Frank-Schule. Dieser Pavillon soll bei Bedarf auch von der Ludwig-Dern-Schule genutzt werden, da diese akute Platzprobleme hat. Zur Finanzierung wurde der vorhandene Parkplatz verkauft.

Bei diesem Projekt überstiegen die Baukosten den erzielten Verkaufspreis des Parkplatzes, weshalb die Stadt Offenbach Barmittel zuschießen musste.

Buchhügel: Käthe-Kollwitz-Schule

Der Erweiterungsbau dieser Schule soll in diesem Fall durch die Freigabe eines Waldstücks (Amerikawäldchen) als Baugrundstück finanziert werden. Dafür muss der Bebauungsplan dementsprechend geändert werden. Momentan sind Bürgerinitiativen und Umweltschützer noch gegen eine solche Änderung. Trotzdem wird mit einem baldigen Beginn des Projekts gerechnet.

Lohwald

Bei diesem Projekt wurde ein ganzer Stadtteil umgesiedelt, um die dort stehenden Sozialwohnungen abreißen zu können. Zunächst wurden besagte Wohnblocks von der EEG der städtischen Heimstätte abgekauft. Der Gewinn aus dem anschließenden Verkauf wird zunächst benutzt, um die Vorlaufkosten zu decken. Der restliche Teil ist für die Schulerweiterungskosten der Stadt vorgesehen. Durch dieses Vorgehen fallen keine Zwischenfinanzierungskosten an.

Betreibung der Schulen bei der Stadt Offenbach

In einem Eigenbetrieb der Stadt sind neben den Hausmeistern für die Schulen noch weitere städtische Mitarbeiter beschäftigt. Zur Erreichung einer höheren Effektivität gründete die Stadt über eine Holding-Gesellschaft die GBM-GmbH. Auf dieses privatwirtschaftlich organisierte Unternehmen wurden die Arbeitsverhältnisse, Kundenverträge und Arbeitsmittel in Form eines Teilbetriebsübertragungsvertrages übertragen. Die Erfahrung der ersten drei Jahre hat gezeigt, dass dieser erste Schritt schon Effektivitätssteigerungen mit sich gebracht hat. Nachteilig wirkt sich allerdings aus, dass die Mitarbeiter der GmbH weiterhin wie öffentlich Bedienstete unter Anwendung des Bundesangestelltentarifvertrages (BAT) bzw. des Bundesmanteltarifvertrages für Arbeiter (BMT-G) vergütet werden müssen. Das ist ein entscheidender Nachteil im Wettbewerb und verhindert auch, dass sich größere Betreibungsunternehmen an der städtischen GmbH beteiligen.

Deshalb wurde ein Konzept entwickelt, wie bei Besitzstandswahrung für die jetzigen Mitarbeiter eine Vergütung neuer Mitarbeiter außerhalb des öffentlichen Dienstrechtes erfolgen kann. Dies geschieht über sogenannte „Spiegelgesellschaften“, mit denen ein Gemeinschaftsbetrieb gebildet wird. Dabei handelt es sich um komplexe arbeitsrechtliche Fragestellungen, welche zu lösen sind.

9.1.5 Fazit – Aufgabenfeld Schulen

Bei der privatwirtschaftlichen Realisierung von Schulen existieren ab einer bestimmten Projektgröße erhebliche Marktpotenziale für Kooperationen von mittelständischen Bauunternehmen.

In Deutschland fehlen bis auf wenige Ausnahmen praktische Erfahrungen. Dies betrifft die privatwirtschaftliche Realisierung an sich als auch die neuen Formen der Kooperation mittelständischer Unternehmen. Die Initiierung von Modellprojekten wäre hier zur praktischen Durchsetzung dieser für Bauunternehmen als auch für die öffentliche Hand Erfolg versprechenden Variante zu empfehlen. Voraussetzung hierbei ist auf Grund der Komplexität der Vertragsstrukturen zwischen den Beteiligten eine entsprechende fachliche Begleitung derartiger Vorhaben über einen längeren Zeitraum.

In einigen deutschen Städten werden erste innovative Lösungen zur Realisierung der Schulbauvorhaben angeschoben. Dabei stehen bisher weniger die Wirtschaftlichkeit als viel mehr organisatorische Fragestellungen und der haushaltstechnische Zwang zu Kosteneinsparungen bei Aufrechterhaltung der Leistungserbringung im Vordergrund. Nachhaltige und damit langfristige Lösungen bedürfen einer Lebenszyklusbetrachtung der erforderlichen Investitionen. Hierbei spielen die politische Willensbildung zur Übertragung der Aufgaben an Private einerseits und die Fähigkeit und Bereitschaft der mittelständischen Bauunternehmen zur Übernahme dieser neuen Aufgaben andererseits eine entscheidende Rolle.

9.2 Privatwirtschaftliche Realisierung von Gefängnissen

Eine Aufgabe der öffentlichen Hand im Rahmen der Gewährleistung der inneren Sicherheit und Ordnung ist die Errichtung und Sanierung von Haftanstalten. Eine Haftanstalt ist an sich eine hochspezialisierte Immobilie, welche i.d.R. keine Zweitverwendung erwarten lässt.[94] Diese Besonderheiten spielen für die Projektentwicklung und den Risikotransfer eine maßgebliche Rolle.

Gegenwärtig existieren in Deutschland etwa 200 Haftanstalten, deren Planung, Bau und Betreibung in der Zuständigkeit der Bundesländer liegt. Neben der Verwahrung der Gefangenen ist eine weitere Aufgabe die Resozialisierung der Gefangenen. Dafür sind beim Bau und der Betreibung entsprechende Voraussetzungen zu schaffen. Neben der Einzelunterbringung im geschlossenen Vollzug sind Sport- und Freizeiteinrichtungen sowie Ausbildungsmöglichkeiten vorzuhalten. Ein Großteil der Haftanstalten wird diesen neuen Anforderungen nicht mehr gerecht und muss daher modernisiert bzw. saniert werden, sofern dies unter wirtschaftlichen Aspekten überhaupt möglich ist. Anderenfalls sind entsprechende Neubauten erforderlich.

Die privatwirtschaftliche Realisierung von Haftanstalten erfolgt unter dem langfristigen Ansatz der Lebenszyklusbetrachtung, d.h. Bestandteil sind Planung, Finanzierung, Bau und Unterhaltung. Lediglich die Ermittlung des vorhandenen Bedarfs an Haftanstalten bleibt ausschließlich eine Aufgabe der öffentlichen Hand. Die Planung von Haftanstalten erfolgte in der Vergangenheit teilweise durch private Planungsbüros. Ebenso wurde der Bau von privaten Unternehmen realisiert. Die Betreibung der Haftanstalten war bisher alleinige Aufgabe der öffentlichen Hand.

Derartige Bauvorhaben wurden grundsätzlich aus Haushaltsmitteln finanziert, wenn man von einigen Ausnahmen, z.B. in Form von Vorfinanzierungs- oder Leasingmodellen, absieht. Nicht zuletzt auf Grund der angespannten Haushaltslage in den einzelnen Bundesländern und beim Bund wird verstärkt nach Finanzierungsalternativen und Einsparpotenzialen bei der öffentlichen Hand gesucht.

Die privatwirtschaftliche Realisierung von öffentlichen Bauvorhaben stellt hierbei eine mögliche Alternative dar.[95] Insbesondere die im Gegensatz z.B. zu Großbritannien fehlenden Erfahrungen bei der Betreibung von Gefängnissen stellen hierbei ein weiteres Hemmnis für die praktische Umsetzung dar.

---

[94] Jacob/Kochendörfer et al., Effizienzgewinne (2002), a.a.O., S. 53.
[95] Ebd., S. 58.

9.2.1 Mögliche Aufgaben und Tätigkeitsbereiche für Kooperationen mit Beteiligung mittelständischer Bauunternehmen

Im Rahmen einer Studie „Modellprojekte zur Privatisierung im Strafvollzug" wurden die rechtlichen Rahmenbedingungen für eine Aufgabenübertragung auf Private u.a. unter Bezugnahme auf die Aufgaben im Strafvollzug untersucht. Die Untersuchungen kamen zu dem Ergebnis, dass mit Ausnahme der Aufgaben, die mit Eingriffsbefugnissen bezüglich der Rechte der Gefangenen verbunden sind, ein Großteil der Aufgaben im Strafvollzug auch durch Private realisiert werden kann. Private Unternehmen können dabei eine Vielzahl von Betreibungsaufgaben übernehmen. Voraussetzung hierfür ist das Vorhandensein des entsprechenden Know-hows bei den Unternehmen und der erforderlichen Ermächtigungsgrundlagen zur Übertragung der Aufgaben durch die öffentliche Hand.

Der Neubau von Justizvollzugsanstalten wurde auch in Deutschland schon immer durch private Bauunternehmen realisiert. In den letzten Jahren erfolgte der Neubau von JVA`s verstärkt durch die Beauftragung von Generalunternehmern. Durch die Bildung von Kooperationen könnten mittelständische Bauunternehmen an dieser Entwicklung partizipieren. Sowohl für den Bau als auch für die Betreibung (z.B. Aus- und Weiterbildung der Gefangenen) sind allerdings Spezialkenntnisse erforderlich.

9.2.2 Übertragbarkeit auf Private

Die Freiheitsstrafe sowie die Unterbringung in Sicherungsverwahrung werden in Anstalten der Landesjustizverwaltung vollzogen (§ 139 StVollzG). Die Aufgaben der Justizvollzugsanstalten werden von Justizbeamten wahrgenommen (§ 155 StVollzG). Für jede Justizvollzugsanstalt ist ein Beamter des höheren Dienstes zum hauptamtlichen Leiter zu bestellen (§ 156 StVollzG). Damit ist der Strafvollzug nicht nur anstaltstaatlich organisiert, sondern auch Bediensteten zugewiesen, die den Status von Beamten haben. Dies rechtfertigt sich aus dem Zwangscharakter des Strafvollzugs, der ganz fundamentale Grundrechtseinschränkungen zulässt[96] sowie den Einsatz von Maßnahmen zur Sicherung und Ordnung (§§ 81 ff. StVollzG), von unmittelbarem Zwang (§§ 94 ff. StVollzG) und Disziplinierungsmaßnahmen (§§ 102 ff. StVollzG) vorsieht. Gleichwohl ist der Einsatz von Personen, die in keinem öffentlichen Dienstverhältnis stehen, an einigen Stellen zulässig. Dies betrifft etwa die Arbeitsbetriebe und die Einrichtungen zur beruflichen Bildung (§ 149 Abs. 4 StVollZG), die Seelsorge (§ 157 StVollzG) oder die ärztliche Versorgung (§ 158 StVollzG).

[96] Vgl. o.V.: Zum Sonderstatus des Strafgefangenen BverfG. In: NJW (Neue Juristische Wochenschrift), 1994, S. 1401 ff.

Mit diesen Möglichkeiten zur Einschaltung Dritter lässt sich jedoch kein Modell eines voll funktionsfähigen Betriebs einer Justizvollzugsanstalt durch einen Privaten realisieren. Andererseits gibt es keinen durchgreifenden rechtlichen Grund, warum die Landesjustizverwaltung nicht für den Strafvollzug geeignete Gelände und Gebäude von einem Dritten erwerben oder anmieten sollte. Auch das Gebäudemanagement (Instandhaltung, Reinigung), die Versorgung (Küche, Wäsche, Gefangeneneinkauf) und zumindest weite Teile der Betreuung (Arbeit, Ausbildung, Beratung, soziale Betreuung) müssen nicht notwendigerweise durch Bedienstete des Strafvollzugs wahrgenommen werden. Entsprechendes gilt sogar für weite Bereiche des Objektschutzes und der Kontrolle der Sicherheitssysteme, soweit davon nicht die unmittelbare Kontrolle der Strafgefangenen selbst betroffen ist.

9.2.3 Anforderungen an Unternehmen / Kernkompetenzen

Projektentwicklungs- und Planungsanforderungen

Um bei der Planung einer Haftanstalt den unterschiedlichen bau- und betriebsseitigen Aspekten Rechnung tragen zu können und gleichzeitig Effizienzgewinne zu generieren, bedarf es einer langjährigen Erfahrung. Dabei genügt es nicht, nur die Betriebskosten der infrastrukturellen Einrichtungen und Anlagen zu optimieren. Vielmehr müssen auch unter Beachtung sicherheitsrelevanter Aspekte die Personalkosten niedrig gehalten werden. Bei der Unterbringung von Gefangenen sind eine Vielzahl von Vorschriften und Richtlinien zu berücksichtigen, beispielsweise zur Versorgung und Beschäftigung der Gefangenen, zur Gewährleistung der allgemeinen Sicherheit, der Arbeitssicherheit und dem Gesundheitsschutz. Die Schnittstellen zwischen privatem Betrieb und hoheitlichen Staatsaufgaben sind bei der Planung einer Haftanstalt zu beachten. Sie müssen Kern der Überlegungen bei einer gemischt betriebenen Haftanstalt (privatwirtschaftlich und öffentlich) sein.

Eine KMU-Kooperation sollte außerdem in der Lage sein, sich über die aktuellen nationalen und internationalen Entwicklungen auf den Gebieten des Betriebs und der Ausstattung von Haftanstalten (z.B. automatische Schließanlagen) zu informieren und diese auch gegebenenfalls einzusetzen.

Haftanstalten unterscheiden sich von anderen Vorhaben dadurch, dass es in der Regel große Projekte sind und dementsprechend erhebliche finanzielle Mittel über einen längeren Zeitraum binden. Insbesondere dann, wenn auftraggeberseitige Zahlungen erst mit der Inbetriebnahme und Erbringung der Leistungen einhergehen, stellen derartige Vorhaben eine echte Herausforderung für eine KMU-Kooperation dar.

Bauanforderungen

Ähnlich wie bei der Kategorie Schulen ist nicht nur die Beherrschung der Ausführung einzelner Gewerke erforderlich. Vielmehr muss das Augenmerk auf die schlüsselfertige Errichtung sämtlicher Leistungen einschließlich Inbetriebnahme und die Bereitstellung sämtlicher vertraglich zugesicherter Dienstleistungen gerichtet werden. Dieser Aspekt ist umso bedeutender, je mehr ein Projekt an Größe und Komplexität gewinnt. Im Falle von Haftanstalten ist davon auszugehen, dass es sich um große, komplexe Vorhaben handelt.

Die KMU-Kooperation muss die Koordination, Steuerung und Überwachung der Planer, der ausführenden Unternehmen und Lieferanten beherrschen (vor allem das Schnittstellenmanagement) und insbesondere die kritischen Elemente aktiv gestalten können und nicht nur reaktiv auf Probleme eingehen. Dies setzt Erfahrung beim Bau von Haftanstalten voraus, damit die geeigneten Fachunternehmen und Lieferanten rechtzeitig eingebunden und ihren Beitrag zur erfolgreichen Errichtung leisten können. Nur so wird es möglich sein, Bauzeit, Baukosten und den Finanzierungsplan einzuhalten.

Betriebsspezifische Anforderungen

Da in Deutschland auf absehbare Zeit zentrale Funktionen wie die Bewachung unter staatlicher Hoheit bleiben werden, sind die Anforderungen zwar nicht so weitreichend wie in einigen anderen Ländern, aber immerhin können 30 bis 40 % des Personals von Privaten gestellt werden[97], um Aufgaben im Bereich des Gebäudemanagements, des Versorgungsmanagements, des Betreuungsmanagements und Teile des Bewachungsmanagements wahrzunehmen. Daran wird deutlich, dass ein erfahrener Betreiber erforderlich ist, um die genannten Leistungen zur Zufriedenheit des Auftraggebers und ohne größere Anlaufschwierigkeiten erbringen zu können.

Eine KMU-Kooperation muss also entsprechend zusammengesetzt sein, um sämtlichen Anforderungen des Lebenszyklus einer Haftanstalt zu genügen, dies gilt insbesondere für die umfangreichen Dienstleistungen, die beim Betrieb anfallen. Auf der anderen Seite liegt genau an dieser Stelle die Chance für einen Anbieter, aus dem Verbund von Finanzierung, Planung, Bau und Betrieb Effizienzvorteile zu generieren und somit wettbewerbsfähig zu sein und von einer vergleichsweise stetigen Einnahmequelle profitieren zu können.

[97] Kunze, Torsten (Hessisches Ministerium der Justiz): Ergebnisse der Arbeitsgruppe – Modellprojekte zur Privatisierung im Strafvollzug. Vortrag im Rahmen des 1. European Infrastructure Congress, Frankfurt a.M., 24.01.2001.

9.2.4 Beispiele für den Gefängnissektor

9.2.4.1 Projektbeispiel Großbritannien

Im Dezember 1995 wurde durch den HM Prison Service die Konzession für Planung, Bau und Finanzierung eines neuen Gefängnisses in Fazakerley sowie dessen Betrieb für 25 Jahre an das Konsortium Group 4 / Tarmac (jetzt Carillion plc) vergeben[98]. Es handelt sich dabei um ein regionales Gefängnis der Kategorie B (höchste Sicherheitsvorkehrungen nicht notwendig, allerdings sollte Flucht erschwert werden) mit 600 Gefangenenplätzen. Der Auftragsvergabe lag eine outputorientierte Leistungsbeschreibung zugrunde. Der Betrieb erfolgt durch Personal der Betreiberfirma (hier Group 4), wobei die Sicherheitsstandards des HM Prison Service für die Inhaftierten zu beachten sind. Group 4 konnte durch den Betrieb anderer Gefängnisse in der Vergangenheit bereits erhebliches Know-how und damit auch Wettbewerbsvorteile gegenüber der unerfahrenen Konkurrenz generieren. Für die Bereitstellung von Nebenleistungen (z.B. Verpflegung, Bildung und medizinische Versorgung der Gefangenen) sowie die Instandhaltung des Gefängnisses ist der private Betreiber verantwortlich. Der Konzessionsgeber kontrolliert die vertragsgemäße Leistungserfüllung (z.B. durch das Abstellen eines Kontrolleurs im Gefängnis). Bei Beanstandungen sieht der Vertrag finanzielle Strafen vor. Das bedeutet, dass die Zahlungen an den Betreiber von der Ausführung der geforderten Leistungen abhängig sind. Die Zahlungen beinhalten für jeden verfügbaren Gefangenenplatz eine tägliche Gebühr. Vor der Inbetriebnahme des Gefängnisses wurde kein Geld gezahlt. Da die Anzahl der verfügbaren Haftplätze als Basis herangezogen wurde, trägt im Großen und Ganzen die öffentliche Hand das Volumen-/Belegungsrisiko. Insgesamt ist festzustellen, dass ein vergleichsweise umfangreicher Risikotransfer auf den privaten Vertragspartner stattgefunden hat – zum einen durch die Entwurfs-, Planungs- und Bauphase und zum anderen durch eine Kombination von Zahlungsmechanismen und spezifischen Vertragsbedingungen während der Betriebsphase.

[98] Das ausführliche Beispiel befindet sich bei: Jacob/Kochendörfer et.al., Effizienzgewinne (2002), a.a.O., S. 53 und 41-50.

Vorteile der privatwirtschaftlichen Realisierung ergaben sich aus einer Verkürzung der Planungs- und Bauphase. Zudem wurde durch die PFI-Lösung die Errichtung des Gefängnisses zu diesem Zeitpunkt erst ermöglicht. Trotz der aus unterschiedlichen Gründen resultierenden vergleichsweise geringen Kosteneinsparung konnten andere wichtige qualitative Vorteile gegenüber der herkömmlichen Beschaffungsweise generiert werden (z.B. Qualitätsverbesserung, Finden und Umsetzen innovativer Lösungskonzepte). Zudem gehört das Gefängnis in Fazakerley mit zu den besten Gefängnissen, wie eine Untersuchung des HM Chief Inspectors of Prisons ergab. Weiterhin konnte das Gefängnisprojekt wegen des Erfolges beim Bau und der Verwaltung auf andere Art und Weise refinanziert werden. Dadurch stieg die erwartete Rendite der Aktionäre. Die erwarteten Gewinne haben sich als ein Ergebnis der Refinanzierung erhöht. Durch die zeitigere Fertigstellung des Gefängnisses sowie die Einsparungen bei den Kosten für Bau und Inbetriebnahme wurde nicht nur die Projektgesellschaft finanziell „belohnt". Die frühere Verfügbarkeit von Gefangenenplätzen trug zu einer Reduzierung der Überfüllung in anderen Gefängnissen bei.

9.2.4.2 Projektbeispiel aus Deutschland

Beispiel – Teilprivatisierte JVA in Hünfeld

Bereits 1998 sprach man sich seitens des hessischen Justizministeriums für ein Privatgefängnis nach englischem Vorbild aus. Die weiter oben bereits erwähnte Untersuchung einer beauftragten Arbeitsgruppe zum Thema „Modellprojekt zur Privatisierung im Strafvollzug" kam allerdings zu dem Schluss, dass eine vollständige Privatisierung aus rechtlichen Gründen in Deutschland (noch) nicht durchführbar ist. Eine Teilprivatisierung hingegen wäre durchaus machbar. So seien ca. 40 % der Aufgaben im Strafvollzug privatisierbar.

Als Standort für den JVA-Neubau wurde durch das Justizministerium Schlüchtern ausgewählt. Zu diesem Zeitpunkt konnte davon ausgegangen werden, dass diese Investitionsentscheidung auf eine breite Zustimmung auch bei der Bevölkerung der Region trifft. Der zuständige Bürgermeister hatte sich bereits positiv zu den Plänen geäußert. Für das Projekt sprachen die nachfolgenden wirtschaftlichen Vorteile:

- 230 krisensichere neue Arbeitsplätze sowie zusätzliche Ausbildungsplätze
- jährlich ca. 250.000 EUR Netto-Einnahmen mehr in der Stadtkasse
- einen großen Abwassergebührenzahler und Wasserkunde, wodurch auch eine finanzielle Entlastung für die Bürger zu erwarten war
- Aufträge für Handel und Handwerk (über 1 Mio. EUR jährlich für die Region)

- eine Lohnsumme von jährlich über 7,5 Mio. EUR, die zum größten Teil dem heimischen Handel, Handwerk und Dienstleistungsgewerbe zugute kommt
- steigende Nachfrage und damit Wertsteigerung bei Wohnungen, Grundstücken und Häusern durch den Zuzug von Bediensteten der JVA.

Die Bürger aus Schlüchtern waren aber von der Vorteilhaftigkeit dieses Projektes nicht überzeugt und sammelten Unterschriften gegen den Bau der JVA. Dadurch kam das Projekt zunächst einmal zum Stillstand.

Um das Projekt trotzdem realisieren zu können, hat die hessische Landesregierung dem zukünftigen neuen Standort Hünfeld im August 2001 weitere zusätzlich Anreize in Form von

- insgesamt 2,5 Mio. EUR frei verfügbaren Investitionshilfen in den Jahren 2002/2003
- einer bevorzugten Berücksichtigung aus vorhandenen Fördermitteln des Landes Hessen (wie bei der Finanzierung des Hessentages) in einer Größenordnung von weiteren 2,5 Mio. EUR
- einer Bestandsgarantie für alle vorhandenen Landesbehörden, wie dem Amtsgericht einschließlich der Mahnabteilung (zusammen fast 200 Arbeitsplätze), der Beihilfeabteilung des OLG Frankfurt (28 Arbeitsplätze, weiterer Ausbau wird angestrebt)
- einer Unterstützung bei der beschleunigten Durchsetzung der Nordumgehung
- einer zusätzlichen Sporthalle für den Hünfelder Vereinssport auf dem JVA-Gelände und
- der Chance auf einen gewaltigen zusätzlichen Schub in der Stadtentwicklung

in Aussicht gestellt.

Die Bürger von Hünfeld sprachen sich noch im selben Monat in einem Bürgerentscheid bei einer Wahlbeteiligung von 62,1 % mit einer knappen absoluten Mehrheit von 51,7 % der abgegebenen Stimmen für den Bau der JVA aus. Im September 2001 erfolgte der Beschluss der Landesregierung für den Neubau der JVA am Standort Hünfeld.

Der aktuelle Stand der Projektrealisierung sieht nun wie folgt aus: Der erste Spatenstich ist für Frühjahr 2003 vorgesehen. Die geplante Bauzeit beträgt 2,5 Jahre. Schlüchtern bleibt zunächst Reservestandort. Mit dem Neubau der JVA Hünfeld soll ein Generalunternehmer beauftragt werden. Es erfolgt also keine Einzelvergabe der Leistungen. Somit können sich die Betriebe der Region nicht unmittelbar für Einzelaufträge bewerben. Eine Alternative bildet die Gründung einer leistungsfähigen Arbeitsgemeinschaft (ARGE), welche sich als Generalunternehmer an der Ausschreibung beteiligen könnte.

Sofern neben der Bauausführung auch Aspekte der Betreibung der JVA ausgeschrieben werden sollten, könnte auch die Kooperation von mittelständischen Bauunternehmen in Betracht kommen.

9.2.5 Fazit – Aufgabenfeld privatwirtschaftliche Realisierung von Gefängnissen

Der Bau und die Betreibung von Haftanstalten sind ein sehr spezielles Aufgabenfeld, zu deren Bewältigung das entsprechende Know-how notwendig ist. Beim Neubau von Haftanstalten handelt es sich um große Investitionsvolumina, welche 50 Mio. EUR i.d.R. übersteigen. So kostete beispielsweise der Neubau der JVA Dresden im Zeitraum 1998 bis 2000 ca. 73 Mio. EUR. Derartige Bausummen dürften für Kooperationen von mittelständischen Bauunternehmen, zumindest für Pilotvorhaben bzw. bei noch fehlenden Erfahrungen, kaum realisierbar sein.

Wie bereits weiter oben erwähnt, fehlen für die Betreibung von Haftanstalten durch private Unternehmen in Deutschland gegenwärtig einschlägige Erfahrungswerte. Das erforderliche Know-how zur Betreibung von Haftanstalten könnte durch die Beteiligung oder Realisierung von europaweit tätigen Dienstleistungsunternehmen eingebracht werden. Denkbar wäre unter dem Kooperationsansatz eine Kooperation von mittelständischen Bauunternehmen mit derartigen Betreibern zur privatwirtschaftlichen Realisierung der Gefängnisbetreibung.

Letztlich bleibt festzuhalten, dass vor einer Realisierung von Haftanstalten (Bau und Betreibung) in Form von Kooperationen von mittelständischen Bauunternehmen in Deutschland noch eine Vielzahl von Hemmnissen abgebaut werden müssen. Die Realisierung derartiger Vorhaben ist eher durch große Bauunternehmen in Kooperation mit spezialisierten Betreibern unter Beteiligung mittelständischer Bauunternehmen beim Bau oder der Sanierung denkbar.

9.3 Betrieb von sozialen und kulturellen Infrastruktureinrichtungen am Beispiel von Schwimmbädern

9.3.1 Mögliche Aufgaben und Tätigkeitsbereiche für Kooperationen mit Beteiligung mittelständischer Bauunternehmen

Laut der bereits weiter oben erwähnten Studie des Deutschen Instituts für Urbanistik beträgt der kommunale Anteil an Hallenbädern 80 % (alte Bundesländer) bzw. 85 % (neue Bundesländer). Unter Zugrundelegung von ca. 12.885 EUR pro m^2 Wasserfläche beträgt der Investitionsbedarf bis einschließlich 2009 allein für Neubauten in den alten Bundesländern 0,56 Mrd. EUR und in den neuen Bundesländern 1,87 Mrd. EUR, also insgesamt 2,43 Mrd. EUR. Jährlich müssten also Investitionen in einer Größenordnung von 243 Mio. EUR durch die öffentliche Hand getätigt werden, was etwa dem Neubau von 15 bis 20 Freizeitbädern entspricht. Zusätzlich sind erhebliche Aufwendungen für die Sanierung der vorhandenen Bäder erforderlich.

Nach einer Einschätzung des Deutschen Städtetages werden die kommunalen Investitionen im Jahr 2003 weiter um 10,8 % zurückgehen.[99] Damit verbunden ist die Notwendigkeit der Kürzung der Leistungen der Städte und Gemeinden, was eine weitere Einschränkung bei der Betreibung von öffentlichen Einrichtungen bedeutet. Bereits seit einigen Jahren machte sich in einigen Städten die Schließung von öffentlichen Schwimmbädern erforderlich. Ein Beispiel hierfür sind die Berliner Bäder-Betriebe, welche mit dem Ziel der Erhaltung der Bäder erst im Jahr 1996 gegründet wurden. Entsprechend eines Beschlusses des Senats vom 29. Juni 2002 sollen insgesamt 14 Stadtbäder bzw. Schwimmhallen geschlossen werden.

Gegenstand der folgenden Betrachtungen ist die Frage, inwieweit PPP-Lösungen, insbesondere die Beteiligung von mittelständischen Bauunternehmen in Form von Kooperationen, ein alternativer Ansatz zur herkömmlichen Betreibung von öffentlichen Schwimmbädern sein können.

Baukosten

Seitens eines deutschlandweit tätigen Projektsteuerungsunternehmens wird eingeschätzt, dass ca. 5.000 Hallen- bzw. Schwimmbäder in Deutschland sanierungsbedürftig sind, wovon 2/3 der Bäder unter wirtschaftlichen Gesichtspunkten nicht mehr erhaltenswert sind. Dem gegenüber erfolgte in den vergangenen Jahren der Neubau und die Sanierung von lediglich 200

[99] Vgl. o.V.: Städte steuern auf Rekorddefizit zu. In: Handelsblatt, 28.01.2003.

Bädern. Die durchschnittlichen Baukosten für den Neubau eines Schwimmbades betragen 1.800 EUR/m² BGF bzw. 11.000 EUR/m² Wasserfläche.

In der nachfolgenden Tabelle sind beispielhaft die Projektkosten einiger Schwimmbadbauten dargestellt:[100]

Standort		Baujahr	Projektkosten Mio. EUR	Wasserfläche qm	Kosten in EUR pro qm Wasserfläche
Bocholt	Neubau Freizeitbad	1993	14,1	1.115	12.646
Monheim	Neubau Freizeitbad	1997	9,7	1.042	9.309
Oschatz	Neubau Erlebnisbad	1999	20,5	1.300	15.769
Troisdorf	Neubau Freizeitbad	1999	15,7	950	16.526
Iserlohn	Neubau Sport-/Solebad	1998	20,2	1.200	16.833
Remscheid	Neubau Sportbad	1998	5	582	8.591
Gevelsberg	Sanierung/Modernis.	2000	8,2	690	11.884
Eschborn	Sanierung/Modernis.	2001	9,8	968	10.124

Tabelle 22: Projektkosten ausgewählter Schwimmbadbauten

Aus dem obigen Vergleich der Projektkosten kann zunächst einmal festgestellt werden, dass die Kosten für eine Sanierung eines vorhandenen Bades bei einer vergleichbaren Wasserfläche z.T. höher sind als der Neubau. Natürlich spielen hier eine Vielzahl von Faktoren für die Entscheidung zwischen Sanierung und Neubau eine Rolle. Insbesondere müssen auch die zukünftige Nutzbarkeit und mithin die Einnahmensituation berücksichtigt werden. Andererseits bestehen große Unterschiede beim Vergleich der Projektkosten von neuen Freizeitbädern in den alten (Bocholt, Monheim) und den neuen Bundesländern (Oschatz). Die Förderung des Neubaus von Freizeitbädern von bis zu 90 % dürfte hierfür eine maßgebliche Rolle gespielt haben, d.h. an der Ausstattung der Bäder wurde unter wirtschaftlichen Gesichtspunkten nicht unbedingt gespart. Das Freizeitbad Troisdorf (bei Köln) stellt diesbezüglich eine Ausnahme dar.

Gemäß einer Statistik des Landes Brandenburg haben 75 % der Sporthallen, Freibäder und Schwimmhallen deutliche bzw. schwerwiegende Bau- und Sicherheitsmängel; 15 % der Sportstätten sind unbrauchbar, d.h. abzureißen. Der Statistik zufolge verfügt das Land über 50 Hallenbäder mit einer Gesamtwasserfläche von 18.305 m². Unter den Annahmen, dass 2/3 der Hallenbäder erhalten werden sollen und die Sanierungskosten ca. 2/3 der Neubaukosten ausmachen, beträgt der Finanzierungsbedarf im Land Brandenburg ca. 88 Mio. EUR. Für Neubau und Modernisierung von Hallenbädern im Land Brandenburg stehen laut dem Bäderplan bis 2006 181 Mio. DM bzw. 92 Mio. EUR zur Verfügung.[101] Abzüglich der vier bzw. fünf geplanten Neubauten verbleibt nur ein geringer Teil für die Modernisierung der vorhandenen

[100] Auswertung aus Projektbeschreibungen der Constrata Ingenieurgesellschaft mbH (Bielefeld), www.constrata.com/frameset/constrata.htm, 27.02.2003.

[101] Vgl. o.V.: Bäderplan bis 2006 steht. In: Märkische Allgemeine, 14.09.2000, S. 7.

Bäder, d.h. mindestens 50 % des vorhandenen Sanierungsbedarfs sind mit der herkömmlichen Finanzierung nicht realisierbar.

Der Zustand der Hallenbäder ist natürlich regional unterschiedlich zu beurteilen. Laut einer Pressemitteilung des Sächsischen Staatsministeriums für Kultus vom 11.01.2002 beträgt der Anteil der Hallenbäder, welche sich in einem guten bis sehr guten Zustand befinden, ca. 77 % und das Defizit an Wasserfläche im Freistaat beträgt nur noch 44.000 m^2. Eine maßgebliche Rolle an der Verbesserung der Situation dürften hierbei die vielen geförderten Neubauten von Freizeitbädern in Sachsen spielen.

Betriebskosten

Neben den Investitionskosten spielen die Betriebskosten die entscheidende Rolle für die Wirtschaftlichkeit von Hallen- und Freizeitbädern. Durch den Bundesverband Öffentliche Bäder e.V. werden überörtliche Vergleiche der Betriebskosten angeboten, an welchen sich interessierte Betreiber (Städte, Gemeinden) beteiligen können. Da die Untersuchung der Wirtschaftlichkeit von Bädern nicht Gegenstand der Betrachtungen ist, wird darauf verzichtet, auf die Ergebnisse dieser Vergleiche einzugehen, sofern diese überhaupt öffentlich zugänglich sind.

Einer Untersuchung eines Projektentwicklers von Schwimmbädern zufolge betragen die Betriebskosten für Hallenbäder mit einer Bruttogeschossfläche von 6.000 bis 6.500 m^2 pro Jahr ca. 250.000 bis 300.000 EUR. Daneben muss mit Personalkosten und sonstigen Kosten (u.a. Bauunterhaltungskosten) in jeweils gleicher Höhe gerechnet werden. Die Betreibung eines entsprechenden Hallenbades kostet somit pro Jahr ca. 1 Mio. EUR.

Eine langfristig wirtschaftliche Betreibung von Hallen- und Freizeitbädern ohne Zuschüsse ist mit sehr wenigen Ausnahmen nicht realisierbar. Ein bundesweit tätiges Architekturbüro schätzt ein, dass der Kostendeckungsgrad bei den kommunalen Bädern im Bundesdurchschnitt lediglich bei 40 % liegt.[102]

Laut der Einschätzung des bereits weiter oben benannten Architekturbüros bilden die nachfolgenden sechs Säulen die Voraussetzung für eine erfolgreiche Betreibung eines zeitgemäßen Familienbades:[103]

- Sport/Fitness
- Freizeit/Erlebnis

[102] Vgl. Internetauftritt des Architekturbüros Horst Haag (Stuttgart), www.architekt-haag.de/info3.html, 23.02.2003.

[103] Vgl. ebd., www.architekt-haag.de/info4.html, 23.02.2003.

- Gesundheit/Wellness
- Erholung
- Freibereich (Außenbereiche)
- Gastronomie.

Nur wenn alle obigen Säulen entsprechend den regionalen Anforderungen der Besucher sowohl in der Planung, beim Bau und bei der Betreibung berücksichtigt werden, kann ein Freizeitbad erfolgreich betrieben werden.

9.3.2 Übertragbarkeit auf Private

Schwimmbäder gehören nach hergebrachter Sicht zur öffentlichen Daseinsvorsorge. Sie werden im Rahmen der kommunalen Selbstverwaltung als freiwillige Aufgabe durch die Gemeinden betrieben. Sieht man vom Schwimmunterricht im Rahmen des Schulsports ab, so ist keine Rechtsnorm ersichtlich, die einer Einstellung oder Modifikation dieser selbst gewählten Aufgabe generell entgegenstehen könnte. Da auch Bürger ein Recht auf Nutzung von kommunalen Einrichtungen nur im Rahmen ihres Bestandes und ihrer Kapazität besitzen, steht es einer Kommune daher grundsätzlich frei, ihre Schwimmbäder zu schließen, zu veräußern oder ihren Betrieb einem Dritten zu übertragen. Dies schließt nicht aus, dass damit im Einzelfall negative Rechtsfolgen – wie etwa die Rückzahlung von Fördermitteln – verbunden sein können. Mithin stehen einer Übertragbarkeit der Aufgaben auf Private keine rechtlichen Beschränkungen entgegen.

Die unentgeltliche Nutzung der Einrichtung im Rahmen des Schul- und Vereinsschwimmens oder anderweitige soziale Vergünstigungen für potenzielle Nutzer beeinflussen die mögliche Übertragbarkeit auf Private. Derartige Verpflichtungen wirken sich direkt auf die Wirtschaftlichkeit der Betreibung eines Schwimmbades aus.

Fraglich ist, inwieweit jährliche städtische Zuschüsse eine staatliche Beihilfe im Sinne des Artikels 87 Absatz 1 EG-Vertrag darstellen. Im Fall des Freizeitbades Dorsten wurde dies seitens der EU-Kommission verneint, obwohl die Stadt sich zu einer Zahlung in Höhe von jährlich 2 Mio. DM an das defizitäre Bad verpflichtet hat.[104]

[104] Vgl. Deutscher Städte- und Gemeindebund: Rechtssicherheit im europäischen Beihilferecht erforderlich. Pressemeldung, Berlin, 27. März 2001.

9.3.3 Anforderungen an Unternehmen / Kernkompetenzen

Inwieweit ist die Betreibung von Freizeitbädern ein potenzielles Aufgabengebiet für Kooperationen von mittelständischen Bauunternehmen? Im Gegensatz zur Technik spielt die bauliche Unterhaltung der Freizeitbäder nur eine untergeordnete Rolle. Unter langfristigen Betrachtungen wäre mithin eine Kooperation von entsprechend spezialisierten Unternehmen (Schwimmbadtechnik etc.) und eine Beteiligung von Bauunternehmen denkbar. Größere Potenziale würden sich für mittelständische Bauunternehmen in der Betreibung von mehreren Einrichtungen und verschiedenartigen Sportstätten ergeben. Hierbei spielt die Höhe der jährlichen Bauunterhaltungskosten einschließlich Wartung der Einrichtungen eine entscheidende Rolle. Durch die Betreibung von Sport- und Erholungszentren, welche aus einer Reihe verschiedenster Einrichtungen (Gebäude und Freiflächen) bestehen, sind größere Marktpotenziale für Kooperationen von mittelständischen Bauunternehmen, auch unter Beteiligung von Rohbau- und Holzbauunternehmen, zu erwarten.

Auf Grund der auch im nachfolgenden Beispiel nachgewiesenen prozentualen Verteilung der Bau- und Betriebskosten kommt die Beteiligung an Kooperationen insbesondere für Heizungs-, Sanitär-, Lüftungs- und Elektrounternehmen in Betracht.

Kleinere Bauunternehmen könnten in Form von Kooperationen mit spezialisierten Dienstleistern sich auch an einzelnen Freizeitbädern beteiligen, sofern diese die entsprechenden organisatorischen und finanziellen Voraussetzungen erfüllen. Als Initiator derartiger Kooperationen kämen aber i.d.R. nur im Schwimmbadbau spezialisierte Firmen in Betracht.

Im Fall der Neuausrichtung der mittelständischen Bauunternehmen für den Markt der Betreibung von Freizeiteinrichtungen müssen diese im Badewesen bereits über Spezialkenntnisse verfügen, da die Wirtschaftlichkeit der Einrichtungen in hohem Maße von technischen Rahmenbedingungen und den Anforderungen der Nutzer geprägt wird.

9.3.4 Beispiele

9.3.4.1 Hallenbad im Bundesland Brandenburg

In einer Kleinstadt im Bundesland Brandenburg wurde nach Prüfung der vorhandenen Bädersituation im Ort der Beschluss zum Neubau eines Hallenfreizeitbades gefasst und der dementsprechende Fördermittelantrag Ende 1995 gestellt. Die Höhe der Baukosten für das Hallenbad nebst Sauna und Außenbecken wurden auf 10,78 Mio. DM netto geschätzt, einschließlich der Baunebenkosten, deren Anteil ca. 15 % der Investitionssumme betrug.

Eine Förderung der Investitionskosten hätte in Höhe von 50 % (max. 90 %) durch das Land erfolgen können. Eine Bewilligung des Antrages erfolgte erst durch die Einleitung eines Widerspruchsverfahrens nach ca. 3 Jahren, wobei 8,3 Mio. DM als Fördermittel zur Verfügung gestellt wurden.

Baukosten

Nachdem die alte Freibadanlage zuvor abgerissen wurde, erfolgte der Neubau des Hallenbades in einer Bauzeit von ca. 19 Monaten. Die Gesamtwasserfläche einschließlich des 250 m² großen Schwimmbeckens beträgt 480 m². Damit betragen die Netto-Investitionskosten je qm Wasserfläche 22.469 DM bzw. 11.488 EUR.

Die Verteilung der Baukosten basierend aus den Ausschreibungsergebnissen und bezogen auf die einzelnen Gewerke stellt sich wie folgt dar: Gegenüber den geschätzten Bauwerkskosten von 8,84 Mio. DM (netto) betrugen die Baukosten bei der Vergabe unter Berücksichtigung von Heizungsmehrkosten (Gasheizung als alternative Heizungsvariante) in Höhe von ca. 0,428 Mio. DM insgesamt 7,49 Mio. DM, was einer Differenz von 15 % entspricht. Neben den Rohbaukosten, welche ca. 27 % der obigen Baukosten ausmachen, sind die Kosten für die Badewassertechnik mit ca. 21 % der Baukosten die höchsten Investitionsausgaben bei diesem Projekt. Insgesamt übersteigen die Kosten für die Technik mit 57 % die reinen Gebäudekosten, welche lediglich noch 43 % betragen.

Betrieb der Einrichtung

Die jährlichen Aufwendungen für den Betrieb des Freizeitbades wurden auf ca. 1,2 Mio. DM geschätzt, wovon unter den gemachten Annahmen von ca. 300 Besuchern pro Tag und 100 Schulschwimmern pro Tag mit Einnahmen in Höhe von lediglich 734.200 DM gerechnet wurde. Mithin beträgt der Zuschussbedarf pro Jahr 452.800 DM bzw. ca. 38 % der Betriebskosten. Die Personalkosten stellen laut Planung mit 30 % neben den Kosten für Wasser, Abwasser und Energie mit ca. 61 % die höchsten Betriebsaufwendungen dar. Der Betrieb der Einrichtung erfolgt auf Grund fehlender privater Betreiber durch die kommunale Verwaltung der Stadt.

Bei der Betrachtung der tatsächlichen Betriebskosten ist zu beachten, dass bei den haushaltstechnischen Ansätzen u.a. die Finanzierungskosten (Zinsen, Tilgungen) i.d.R. bei der öffentlichen Hand nicht objektbezogen abgerechnet werden. Bei deren Berücksichtigung würde sich der Kostendeckungsbeitrag weiter verschlechtern.

Das Personal des ausgewählten Hallenbades besteht aus vier Reinigungskräften, einem Sachbearbeiter für technische Anlagen und einem Leiter der Badeanstalt. Die erforderliche Wasseraufsicht wurde als Fremdleistung vergeben. Die allgemeinen Verwaltungs- und Betriebsausgaben beinhalten die Kosten für den Wasserverbrauch von 87.000 EUR. Der geplante Kostendeckungsbeitrag betrug im Jahr 2002 mithin ca. 68,33 %.

Die Einnahmen- und Ausgabensituation der ersten beiden Betriebsjahre (Haushaltsansätze in EUR) stellt sich im Haushaltsplan 2002 wie folgt dar:

Einnahmen	2002		2001	
	€	%	€	%
Eintrittsgelder	432.900	78,06	437.155	70,96
Schulschwimmen	18.400	3,32	18.407	2,99
Miete, Pachten	5.100	0,92	2.556	0,41
Betriebskosten aus Mietverhältnissen	10.700	1,93	8.794	1,43
Mehrwertsteuer	53.700	9,68	117.597	19,09
Innere Verrechnung PK	11.100	2,00	0	0,00
Zuweisungen	21.400	3,86	27.814	4,52
Sonstige Einnahmen	1.300	0,23	3.711	0,60
Summe Einnahmen	554.600	100,00	616.034	100,00
Ausgaben				
Personalausgaben	157.500	19,41	138.384	15,27
Unterhaltung Grundst. u. baul. Anlagen	23.300	2,87	23.264	2,57
Geräte, Ausstattungen	8.300	1,02	8.130	0,90
Mieten, Pachten	18.400	2,27	18.407	2,03
Reinigung, Müllabfuhr	17.200	2,12	13.703	1,51
Allg. Verwaltungs- u. Betriebsausgaben	137.200	16,91	155.893	17,20
Werbungskosten	15.000	1,85	0	0,00
Energieverbrauch einschl. Fernwärme	170.700	21,03	200.171	22,08
Mehrwertsteuer	31.000	3,82	43.460	4,80
abzugsf. Vorsteuer f. Investitionen	2.200	0,27	66.468	7,33
Kosten für Wasseraufsicht - DRK	202.100	24,90	208.249	22,97
Sonstige Ausgaben	28.700	3,53	30.321	3,34
Summe Ausgaben	811.600	100,00	906.450	100,00
Überschuss/Zuschuss	**-257.000**		**-290.416**	

Tabelle 23: Einnahmen und Ausgaben am Beispiel eines Hallenbades in Brandenburg

9.3.4.2 Freizeitbad im Freistaat Sachsen – Thalheim

Der Rat der Stadt Thalheim beschloss den Neubau eines modernen familiengerechten Freizeitbades, da das vorhandene Freibad (Baujahr 1918) erneuerungsbedürftig war und nicht mehr den heutigen Anforderungen entsprach. Im Februar 1992 wurde der Vorentwurf für das Hallenbad erarbeitet. Die Baugenehmigung erfolgte im September 1994. Nach der Bewilligung der Fördermittel im November 1994 konnte im März 1995 mit dem Bau begonnen werden. Die Eröffnung des neuen Freizeitbades war im November 1996. Die Netto-Investitionskosten in Höhe von 22 Mio. DM (11,25 Mio. EUR) setzten sich wie folgt zusammen:[105]

Grundstück und Erschließung	0,4 Mio. DM	1,8 %
Bauwerk	16,2 Mio. DM	73,6 %
Gerät	0,3 Mio. DM	1,4 %
Außenanlagen	1,8 Mio. DM	8,2 %
Nebenkosten	3,3 Mio. DM	15,0 %

Der Anteil der Technikkosten an den Bauwerkskosten betrug schätzungsweise ca. 2/3.[106] Die Gesamtwasserfläche einschließlich des 250 m² großen Schwimmbeckens beträgt 1.090 m². Die Investitionskosten betrugen somit pro m² Wasserfläche 20.184 DM bzw. 10.304 EUR.

Bauherr des Freizeitbades war die Stadt Thalheim, welche zunächst auch die Betreibung in eigener Regie übernahm. Nach anfänglichen Besucherzahlen von bis zu 1.400 Besuchern pro Tag erfolgten rapide Rückgänge in den Jahren 1999 und 2000 auf durchschnittlich 300 bis 400 Besucher pro Tag, was zu erheblichen Defiziten aus der Betreibung des Bades führte. Das Defizit aus der Badbetreibung betrug im Jahr 2000 ca. 1,4 Mio. DM. Die Ursache hierfür lag u.a. in der Eröffnung weiterer moderner Freizeitbäder in der Region. In einer Entfernung von 30 bis 40 km in südlicher Richtung entstanden weitere sechs Freizeitbäder.

Auf Grund der Haushaltssituation entschloss sich die Stadt Thalheim, die Betreibung des Freizeitbades auszuschreiben, wodurch die Badegesellschaft mbH, eine private Betreibergesellschaft ohne eine Beteiligung der öffentlichen Hand, den Zuschlag erhielt. Ein Betreibervertrag wurde über 20 Jahre abgeschlossen, in welchem u.a. der Charakter des Bades als Volksbad (freie Nutzung durch Vereine), die mietfreie Nutzung des Bades durch die Betreibergesellschaft und die Höhe der Zuschüsse seitens der Stadt an den Betreiber, welche

[105] Vgl. Bundesfachverband öffentliche Bäder e.V. (Essen) (Hrsg.): Erzgebirgsbad Thalheim. Sonderdruck – A.B. Archiv des Badewesens, Fachzeitschrift für Praxis, Technik, Wissenschaft und Betriebswirtschaft, Heft 3, 1997.

[106] Aus einer Besprechung mit dem Geschäftsführer der Badegesellschaft mbH Thalheim vom 5. Februar 2003.

ca. 5 % der Betriebskosten ausmachen, vereinbart wurden. Des Weiteren wurden zusätzliche Investitionen zur Steigerung der Attraktivität des Bades seitens des Betreibers und der Stadt Thalheim vereinbart, welche wegen der fehlenden Förderung bisher nicht realisiert werden konnten.

Ab Mai 2002 übernahm die Badegesellschaft mbH den Betrieb des Freizeitbades. Der Erfolg lässt sich z.B. an den Besucherzahlen ablesen, welche gegenwärtig wieder bei durchschnittlich 700 Besuchern pro Tag liegen. Voraussetzung hierfür waren die Optimierung der Organisation des Bades unter Berücksichtigung der verschiedenen Interessengruppen und eine höhere Motivation der Mitarbeiter. Kosteneinsparpotenziale in der Betreibung wurden durch innovative technische Lösungen (Verringerung der Wärmeverluste durch Abdichtungen im Rutschenbereich) oder durch den Abschluss von Contracting-Verträgen bei erforderlichen Investitionen im technischen Bereich realisiert.

Die Betriebskosten im Erlebnisbad Thalheim setzen sich zusammen aus 60 % Personalkosten, 30 % Medienkosten (Energie, Wasser/Abwasser, Wärme) und 10 % sonstigen Kosten, wobei die Kosten für die Fernwärme ca. 50 % der Medienkosten ausmachen.

9.3.5 Fazit – Aufgabenfeld Betreibung von Schwimmbädern

Das Beispiel des Erzgebirgsbades Thalheim macht deutlich, dass durch die privatwirtschaftliche Realisierung von kommunalen Bädern eine wirtschaftliche Betreibung von Freizeitbädern möglich ist. Voraussetzung hierfür ist allerdings eine Mindestbezuschussung durch die öffentliche Hand, was letztlich einen Beitrag zur Daseinsvorsorge für die Einwohner darstellt.

Zur Thematik von Public Private Partnership im Bäderbereich wurde seitens des Bundesfachverbandes Öffentliche Bäder e.V. im Jahr 2001 eine Fachtagung durchgeführt. Insbesondere durch den Bundesverband wird in dessen Veröffentlichungen eine kritische Position zur Privatisierung öffentlicher Bäder verfolgt. Hier stellt sich bereits ein erstes Hemmnis für eine privatwirtschaftliche Realisierung dar, indem vermeintlich unabhängige Fachverbände subjektive und auf der Basis ausgewählter Fallbeispiele eine „öffentliche" Meinung verbreiten und somit alternative Lösungen von vornherein durch interessierte Kommunen kaum in Betracht gezogen werden.

Die Betreibung öffentlicher Bäder wird auch in Zukunft weder kostendeckend oder gar mit Gewinn möglich sein, sondern sollte so wirtschaftlich wie möglich erfolgen. Hierzu ist ein Ausgleich der Interessen aller Beteiligten notwendig. Basis dafür ist einerseits der interdisziplinäre Ansatz, die Lebenszyklusbetrachtung für Schwimmbäder und das Vorhandensein entsprechender Konzeptionen, welche effizienzsteigernde Faktoren wie den Risikotransfer berücksichtigen. Für eine Vergleichbarkeit von privaten mit herkömmlichen öffentlichen Lösungen müssen eine entsprechende Kostentransparenz auch auf Seiten der öffentlichen Hand und eine kostenrechnerische Bewertung der Risiken vorhanden sein.

Wie bereits weiter oben beschrieben, besteht in Abhängigkeit von der jeweiligen Region ein erheblicher Bedarf für den Neubau und die Sanierung von Freizeitbädern. Die erforderlichen Investitionen können pro Vorhaben über 10 Mio. EUR betragen, so dass Betreibermodelle, auch in Form von Kooperationen mittelständischer Bauunternehmen, denkbar sind.

9.4 Unterhaltung und Betrieb von Fernstraßen

Das deutsche Straßennetz setzt sich aus Bundesfernstraßen, Landes- bzw. Staatsstraßen und kommunalen Straßen zusammen. Dabei umfassen die Bundesfernstraßen die Bundesautobahnen sowie die Bundesstraßen[107]:

Straßenklasse	**Länge in km**	**Anteil in %**
Bundesautobahnen	11.400	1,78
Bundesstraßen	41.400	6,46
Landesstraßen	86.800	13,55
Kreisstraßen	91.100	14,22
Gemeindestraßen	410.000	63,99
Gesamtes Straßennetz	*640.000*	*100,00*

Tabelle 24: Aufteilung des deutschen Straßennetzes

Die aktuelle Länge der Bundesautobahnen betrug unter Berücksichtigung der Fertigstellungen im Jahr 2001 ca. 11.995 km.

Die Aufgaben der Unterhaltung und des Betriebes von Fernstraßen werden i.d.R. von den Autobahnmeistereien und den Straßenmeistereien wahrgenommen.

[107] Hauptverband der Deutschen Bauindustrie (Hrsg.): Infrastruktur-Lebensadern für Deutschland. Memorandum, Die deutsche Bauindustrie, Berlin, September 2000.

Kennzahlen und Losgrößen

Um die Geeignetheit für mittelständische Kooperationen beurteilen zu können, ist die Losgröße bei Aufträgen interessant. Beispielsweise wurden im Freistaat Sachsen im Jahr 2000 322 Bauaufträge für Bundesfernstraßen vergeben, deren durchschnittliches Volumen bei 1,4 Mio. DM lag, bei den Landesstraßen lag dieser Wert bei 0,4 Mio. DM.

Nach Schätzungen fehlen für die Maßnahmen des Bundesverkehrswegeplanes für den Zeitraum bis 2012 für Bau und Erhaltung rund 60 Mrd. EUR. Nach Analysen der Länderverkehrsminister fehlen allein bei den Bundesfernstraßen jährlich 0,5 Mrd. EUR für die Instandhaltung.[108]

Die den zuständigen Behörden (Autobahnämtern) zur Verfügung stehenden finanziellen Mittel zur Sicherstellung der Verkehrssicherheit bzw. zu Unterhaltung und Betrieb der Fernstraßen setzen sich aus vier verschiedenen Haushaltspositionen (Bundes- und Ländermittel) zusammen:[109]

- Bundesmittel für Unterhaltung und Instandhaltung (UI-Mittel)
- Bundesmittel für Umbau- und Ausbaumaßnahmen (UA-Mittel)
- Bundesmittel für Erneuerung und Neubau
- Landesmittel für Verwaltung

Bundesmittel für Unterhaltung und Instandhaltung (UI-Mittel)

Die Ausgaben der betrieblichen Unterhaltung werden jährlich vom Bund an die Länder überwiesen. Deren Höhe richtet sich zum einen nach den zu bewirtschaftenden Autobahnkilometern und der Anzahl von Brücken, Anschlussstellen, Parkplätzen usw.; zum anderen auch nach der Häufigkeit des Winterdienstes in Abhängigkeit von der jeweiligen geographischen Lage. Im Jahr 2000 hat der Bund für die Unterhaltung der Autobahnen 766,4 Mio. DM ausgegeben.[110]

---

[108] Kommission Verkehrsinfrastrukturfinanzierung des Bundesministeriums für Verkehr, Bau- und Wohnungswesen, Berlin, 2000, S. 5.
[109] Ebd., S. 168.
[110] Bundesministerium für Verkehr, Bau- und Wohnungswesen (Hrsg.): Straßenbaubericht 2001. Berlin, S. 31.

Im Durchschnitt der alten Bundesländer sind im selben Jahr für die Hauptpositionen des Straßenunterhaltungs- und Betriebsdienstes folgende Kosten angefallen:[111]

Bauliche Unterhaltung:	9.234 DM/km	16,33 %
Grünpflege:	12.805 DM/km	22,64 %
Reinigung:	12.413 DM/km	21,95 %
Winterdienst:	7.674 DM/km	13,57 %
Verkehrstechnische Dienste:	9.074 DM/km	16,05 %
Schadensbehebung:	5.351 DM/km	9,46 %
Summe:	56.551 DM/km	100,00 %

Bundesmittel für Umbau- und Ausbaumaßnahmen (UA-Mittel)

Bauliche Unterhaltungsmaßnahmen durch Drittfirmen werden aus UA-Mitteln finanziert.[112] Umbau- und Ausbaumaßnahmen durch Drittfirmen werden ebenfalls aus UA-Mitteln finanziert.

Bundesmittel für Erneuerung und Neubau

Die Mittel für Umbau und Ausbau sowie Erneuerung und Neubau werden den Ländern nach Bedarf zur Verfügung gestellt. Sie sind abhängig vom baulichen Zustand und dem daraus resultierenden Handlungsbedarf für Baumaßnahmen. Mittel für Erneuerung und Neubau sind abhängig von der Einstufung der jeweiligen Autobahn im Bedarfsplan des Bundes. Im Jahre 2000 wurden bundesweit für Erneuerung, Um-, Aus- und Neubau 4.801 Mio. DM ausgegeben.[113]

Landesmittel für Verwaltung

Die finanziellen Mittel für die Verwaltung der Autobahnen werden aus den Länderhaushalten finanziert. In Sachsen-Anhalt wurden im Jahre 2000 für das Verwaltungspersonal mit 114 Bediensteten 7,9 Mio. DM ausgegeben.[114]

[111] Ebd., S. 42.
[112] Knoll, Eberhard (Hrsg.): Der Elsner 2002 – Handbuch für Straßen- und Verkehrswesen, Dieburg, 56. Auflage, S. I/988.
[113] Bundesministerium für Verkehr, Bau- und Wohnungswesen (Hrsg.), a.a.O., S. 31.
[114] Ebd., S. 169.

Der Neubau von Bundesautobahnen in den neuen Bundesländern wird größtenteils über das Verkehrsprojekt Deutsche Einheit realisiert. Der Anteil an den Gesamtausgaben für Investitionen an Bundesfernstraßen im Zeitraum 1991 bis 1999 betrug hierbei 2,4 Mrd. DM bzw. 24 %.[115]

Grundlage für die Finanzierung, den Bau und die Betreibung von Bundesfernstraßen durch Private sind das A-Modell und das F-Modell. Die wesentlichen Unterschiede der Modelle sind in der nachfolgenden Tabelle dargestellt.[116]

	A-Modell	F-Modell
Gesetzliche Grundlage	nicht notwendig	FstrPrivFinG
Aufgabenumfang des privaten Betreibers	Ausbau zusätzlicher Fahrstreifen, Erhaltung (aller Fahrstreifen), Betrieb (aller Fahrstreifen) und Finanzierung von Teilstrecken der BAB	(Neu-)Bau, Erhaltung, Betrieb und Finanzierung von □ Brücken, Tunneln und Gebirgspässen im Zuge von BAB und Bundesstraßen □ mehrstreifige Bundesstraßen mit getrennten Fahrbahnen für den Richtungsverkehr

Tabelle 25: Gegenüberstellung von A-Modell und F-Modell

Für die beiden Modelle wurden 12 Pilotabschnitte bzw. 10 Projekte als Modellvorhaben festgelegt, welche in den nächsten Jahren realisiert werden sollen. Am weitesten vorangeschritten sind gegenwärtig die in der Baulast der jeweiligen Stadt befindlichen Vorhaben (F-Modelle) der Travequerung in Lübeck und der Warnowquerung in Rostock.

9.4.1 Mögliche Aufgaben und Tätigkeitsbereiche für Kooperationen mit Beteiligung mittelständischer Bauunternehmen

In der nachfolgenden Tabelle[117] sind die Leistungsbereiche für die betriebliche Straßenunterhaltung auf Bundesfernstraßen dargestellt. Diese Gliederung resultiert aus der Erstellung eines entsprechenden Leistungsheftes. Auf die einzelnen Leistungsbereiche wird weiter unten näher eingegangen.

[115] Knoll, Eberhard (Hrsg.): Der Elsner 2001 – Otto Elsner Verlagsgesellschaft, Dieburg, 55. Auflage, S. 128.

[116] Bundesministerium für Verkehr, Bau- und Wohnungswesen: Betreibermodelle für die Bundesfernstraßen. Pressemitteilung, www.bmvbw.de/Pressemitteilungen-.361.6982/.htm, Berlin, 23.02.2003.

[117] Vgl. Holldorb, C.: Leistungsheft für die betriebliche Straßenunterhaltung. In: Straßenverkehrstechnik, 2/2000, Hrsg.: Forschungsgesellschaft für Straßen- und Verkehrswesen e.V., Köln.

Leistungsbereich 1: Bauliche Unterhaltung (18 Leistungen)	Leistungsgruppe: – Befestigte Flächen – Unbefestigte Flächen – Ingenieurbauwerke – Entwässerungseinrichtungen
Leistungsbereich 2: Grünpflege (17 Leistungen)	Leistungsgruppe: – Grasflächen mähen – Unterhaltungspflege von Gehölzen – Bäume unterhalten
Leistungsbereich 3: Straßenausstattung (20 Leistungen)	Leistungsgruppe: – Verkehrszeichen – Leit- und Schutzeinrichtungen – Rastanlagen – Elektrotechnische Anlagen
Leistungsbereich 4: Reinigung (24 Leistungen)	Leistungsgruppe: – Kehren – Entwässerungseinrichtungen reinigen – Bauwerke und Straßenausstattungen reinigen – Abfallbeseitigung
Leistungsbereich 5: Winterdienst (12 Leistungen)	Leistungsgruppe: – Streuen – Räumen – Sonstige Winterdienstleistungen
Leistungsbereich 6: Weitere Leistungen (20 Leistungen) Leistungen, die nicht ausschließlich dem Bund als Straßenbaulastträger anzurechnen sind oder die nicht im Rahmen der betrieblichen Straßenunterhaltung erbracht werden sollen.	

Tabelle 26: Leistungsbereiche für betriebliche Straßenunterhaltung auf Bundesfernstraßen

Das Straßennetz kann die ihm zugedachten Aufgaben nur erfüllen, wenn es in dem geforderten baulichen Zustand unterhalten, instandgesetzt und erneuert wird (Straßenunterhaltung). Die dafür erforderlichen Mittel gewährleisten auch die notwendige Verkehrssicherheit und Leistungsfähigkeit (Straßenbetrieb).[118] Um den Betrieb eines Verkehrsträgers zu gewährleisten, sind bauliche und betriebliche Unterhaltungsmaßnahmen notwendig.

[118] Vgl. Knoll, Eberhard (Hrsg.), Elsner (2002), a.a.O., S. I/988.

Leistungsbereich – Bauliche Unterhaltung

Die bauliche Unterhaltung umfasst bauliche Maßnahmen kleineren Umfangs ohne nennenswerte Anhebung des Gebrauchswertes. Sie steht in unmittelbarem Zusammenhang mit der Streckenwartung und Kontrolle.

Zur Instandsetzung werden bauliche Maßnahmen gerechnet, die der Wiederherstellung des planmäßigen Zustandes eines Bauwerkes oder seiner Bauteile dienen.

Bei der Erneuerung werden Bauwersteile oder Bauwerke durch Abbruch und Neubau ersetzt, wodurch der volle Gebrauchswert wiederhergestellt wird.

Die Tätigkeiten beschränken sich in den meisten Fällen auf Wartung, Sofortmaßnahmen zur Beseitigung gefährlicher Zustände und kleinere bauliche Maßnahmen.

Leistungsbereich – Grünpflege

Die Grünflächenpflege umfasst auch die Gehölze an der Fernstraße. Deren Pflege ist der Verkehrssicherheit dienlich im Sinne der Einhaltung von Sichtfeldern und Verhinderung von Blendungen durch zusätzliche Schneeverwehungen.

Leistungsbereich – Straßenausstattung

Wartung des Straßenzubehörs, um dessen Zuverlässigkeit zu gewährleisten. Zum Straßenzubehör zählen Schutzplanken, Beleuchtungsanlagen, Fahrbahnmarkierungen, Verkehrszeichen u.a.

Leistungsbereich – Reinigung

Die Straßenreinigung umfasst die Reinigung der Fahrbahn, Parkplätze, Tank- und Rastanlagen, Entwässerungseinrichtungen, Grünflächen, Verkehrszeichen, Leitsysteme, Tunnel- und Lärmschutzwände. Ziel ist neben der Sauberhaltung auch die Sicherung der Leichtigkeit des Verkehrs (auch Unfallstellenberäumung).

Leistungsbereich – Winterdienst

Der Winterdienst hat die Vermeidung, Reduzierung oder Beseitigung von witterungsbedingten Verkehrsbehinderungen zur Aufgabe. Dabei wird von der Meisterei die entsprechende Räum- und Streutechnik eingesetzt, um den Anforderungen an die Befahrbarkeit und Leistungsfähigkeit der Autobahn nachzukommen. Parallel dazu müssen auch Verkehrsleitsysteme, Verkehrszeichen und Hinweisschilder erkennbar gehalten werden.

Leistungsbereich – Weitere Leistungen

Die Streckenwartung hat als Aufgabe des Straßendienstes die Erfüllung der Verkehrsicherheit zu gewährleisten, d.h. das Netz zu kontrollieren und bauliche und betriebliche Mängel festzustellen. Aufgetretene Gefahrenstellen werden sofort gesichert bzw. Informationen über Mängel oder Beeinträchtigungen, die keiner sofortigen Beseitigung bedürfen, werden weitergeleitet. Die Kontrollfahrten sind regelmäßig durchzuführen.

Die Sicherung und Absperrung von Arbeitsstellen auf oder an der Autobahn dient nicht nur der Sicherheit des Arbeitspersonals, sondern auch der Leichtigkeit des Verkehrs durch das Aufstellen von temporären Verkehrsleitsystemen, die gleichzeitig einen Eingriff in den Straßenverkehr bedeuten.

Einzelne Aufgaben der Leistungsbereiche werden bereits seit mehreren Jahren privatwirtschaftlich realisiert. Hierzu zählen der Notrufservice und die Betreibung der Tank- und Raststelle.

Notrufservice

Die Privatisierung des Autobahn-Notrufservice wurde durchgeführt, da der Rechnungshof keine Bundesaufgabe in der Aufrechterhaltung dieses Systems sah und die Personalkosten von rund 38 Millionen DM im Jahr beanstandete. Autoversicherer haben 1998 für vorerst zehn Jahre den Betrieb der Notrufsäulen übernommen und entsprechende Call-Center eingerichtet, welche mehr Service für den Kunden als bisher die Autobahnmeistereien bieten. Die Benutzung der Einrichtungen durch den Autofahrer bleibt weiterhin kostenfrei.

Privatisierung der Tank- und Raststellen

Die Privatisierung der Autobahn Tank und Rast AG wurde ebenfalls 1998 vollzogen. Die Anteile des Raststättenbetreibers wurden von einem Konsortium, bestehend aus der Allianz Capital Partners GmbH, der LSG Lufthansa Service Holding AG und drei Investmentfondsgesellschaften, zu je einem Drittel übernommen. Dabei besteht auch weiterhin eine vertragliche Zusammenarbeit zwischen der Bundesrepublik Deutschland und der Autobahn Tank und Rast AG, die in eigener unternehmerischer Verantwortung nach wirtschaftlichen Kriterien geführt wird.

Privatisierung von Autobahnmeistereien

Auch Autobahnmeistereien sind seit ca. 1995 auf Grund mangelnder Wirtschaftlichkeit in die Kritik des Bundesrechnungshofes geraten; aus seiner Sicht sind erhebliche Effizienzsteigerungen bei den Meistereien möglich.[119] Als Antwort schlägt die deutsche Bauindustrie die Beteiligung privaten Know-hows und Durchführung von Pilotprojekten zur privatwirtschaftlichen Realisierung von Autobahnmeistereien vor.[120]

Der Umfang der Aufgaben der Autobahnmeistereien resultiert letztlich aus der Gewährleistung der Verkehrssicherheit und den damit zusammenhängenden Verpflichtungen der Straßenbaulast. Die Straßenbaulast umfasst alle mit dem Bau und der Unterhaltung der Straße zusammenhängenden Aufgaben.[121] Zur Auftragsverwaltung zählt der Straßenunterhaltungs- und Betriebsdienst an Autobahnen.

[119] Vgl. Bundesministerium für Verkehr, Bau- und Wohnungswesen, Pressemitteilung bezüglich der Schließung von Autobahnmeistereien, Berlin, 3. Februar 1999.
[120] Vgl. Hauptverband der Deutschen Bauindustrie (Hrsg.): Der Zukunft Wege bauen. Berlin, 1999, S. 24.
[121] Vgl. Kodal, Kurt; Krämer, Helmut: Straßenrecht. München, 1995, S. 299.

Für den Betrieb des deutschen Autobahnnetzes stehen gegenwärtig 188 Autobahnmeistereien zur Verfügung.[122] Das Aufgabengebiet einer durchschnittlichen repräsentativen Autobahnmeisterei ist dabei folgendermaßen definiert:[123]

- 70 km durchgehende Fahrbahn
- 35 km ein- und zweistreifige Rampen- und Nebenfahrbahnen
- 10 Anschlussstellen
- ein Autobahnkreuz bzw. -dreieck
- zwei Tank- und Rastanlagen
- eine Tank- und Kioskanlage
- drei KWC bzw. PWC-Anlagen
- 8 ha zu unterhaltende befestigte Flächen bei Verkehrsanlagen
- 10 ha zu unterhaltende Grünflächen an Verkehrsanlagen
- 240 ha zu unterhaltende Grünflächen an Böschungen, Mittelstreifen, Banketten und dergleichen einschließlich unbewirtschafteter Rastplätze.

9.4.2 Übertragbarkeit auf Private

Die Bereitstellung der erforderlichen Infrastruktur ist eine Aufgabe der Daseinsvorsorge und stellt zunächst eine öffentliche Aufgabe dar. Zur Aufgabenerfüllung kann sich die öffentliche Hand aber Dritter bedienen. Als ein Instrument bei der Übertragung hoheitlicher Aufgaben käme die Beleihung in Betracht. Nachfolgend wird auf die rechtlichen Rahmenbedingungen der Übertragbarkeit auf Private näher eingegangen.

Die Grundlagen der Verantwortung für den Unterhalt der Bundesfernstraßen sind im Grundgesetz (GG) und im Fernstraßengesetz (FStrG) geregelt. Nach Art. 90 Abs. 1 GG ist der Bund Eigentümer der ehemaligen Reichsautobahnen (Art. 90 Abs. 1 GG) und der neuen Bundesstraßen. Die Länder oder die für Landesrecht zuständigen Stellen verwalten die Bundesfernstraßen im Auftrag des Bundes (Art. 90 Abs. 2 GG). Dazu gehören nicht nur die Planung und der Bau der Fernstraßen, sondern auch deren Unterhaltung. Danach sind die Länder zuständig für die Unterhaltung von Fernstraßen.

Allerdings ist nach § 5 Abs. 1 FStrG der Bund grundsätzlich Träger der Straßenbaulast. Da die Pflicht zur Unterhaltung von Bundesfernstraßen den Träger der Straßenbaulast trifft (§ 3

[122] Vgl. Bundesministerium für Verkehr, Bau- und Wohnungswesen (Hrsg.): Straßenbaubericht 2001. Berlin; die in diesem Bericht angegebene Zahl der Autobahnmeistereien von 193 konnte auf schriftliche Anfrage auf Seiten des Bundesministeriums nicht mit Standorten belegt werden. Es ist zu vermuten, dass der Unterschied in der Anzahl durch Abgrenzung von Tunnelmeistereien zustande kommt.

[123] Vgl. Knoll, Eberhard (Hrsg.), Elsner (2002), a.a.O., S. I/995.

Abs. 1 S. 1 FStrG), wäre danach der Bund zur Unterhaltung zuständig. Dieser scheinbare Widerspruch löst sich in der Ausdifferenzierung der Straßenbaulast auf. Danach residiert die Sachaufgabe bei den Ländern, während sich die Verantwortung des Bundes auf die Finanzierung dieser Aufgabe verlagert (Art. 104 a GG). Abweichend davon sind die Gemeinden mit mehr als 80.000 Einwohnern nach § 5 Abs. 2 FStrG Träger der Straßenbaulast für Ortsdurchfahrten. Die unterhaltungspflichtigen Träger der Straßenbaulast – also Land und Gemeinden über 80.000 Einwohner – sind verpflichtet, die Straßen im Rahmen ihrer Leistungsfähigkeit in einem dem regelmäßigen Verkehrsbedürfnis genügenden Zustand zu unterhalten (§ 3 Abs. 1 S. 2 FStrG). Aus der Verantwortung für die Unterhaltung resultiert auch die Verkehrssicherungspflicht.

Aus der verfassungsrechtlichen Grundlegung der Verantwortung für Bundesfernstraßen ergibt sich, dass der Bund den Ländern die Verwaltungszuständigkeit nicht generell entziehen kann. Hier stünde Art. 90 Abs. 2 GG entgegen. Dies gilt auch für die Privatisierung der Unterhaltungspflicht. Wollte im umgekehrten Fall ein Bundesland die Verwaltungszuständigkeit für die Bundesfernstraßen in seinem Verantwortungsbereich generell ablegen, bietet der Art. 90 Abs. 3 GG einen Weg. Danach kann der Bund auf Antrag eines Landes Bundesfernstraßen in bundeseigene Verwaltung übernehmen, eine uneingeschränkte Pflicht ergibt sich daraus jedoch nicht. Daraus folgt, dass die allgemeine Verwaltungsverantwortung der Länder für Bundesfernstraßen nach der Verfassung nicht einseitig geändert werden kann. Dies gilt auch für die Unterhaltung.

Schon immer sind allerdings einzelne Unterhaltungsarbeiten an Bundesfernstraßen an Dritte vergeben worden. Die grundsätzliche Verantwortung der Länder für den Unterhalt der Straßen im Rahmen der Bundesauftragsverwaltung wurde damit nicht in Frage gestellt. Sollen nicht von Fall zu Fall einzelne Unterhaltungsarbeiten an Dritte vergeben werden, sondern diese etwa für einen gewissen Zeitraum für einen bestimmten Straßenabschnitt mit der Durchführung von Unterhaltungsmaßnahmen beauftragt werden, wäre damit auch eine gewisse Selbstständigkeit der Aufgabenerfüllung eingeschlossen. Damit stellt sich die Frage der Zulässigkeit einer solchen Beauftragung. Sie kann grundsätzlich ohne eine Änderung der gesetzlichen Grundlagen nur im Rahmen der vom geltenden Recht vorgezeichneten Verantwortungsstrukturen erfolgen. Dies bedeutet, dass Land und Gemeinden weiterhin die basale Unterhaltungspflicht trifft und dass sie auch weiterhin grundsätzlich in der Verkehrssicherungspflicht stehen. Damit sind in einem weiteren Schritt die Modalitäten und die Grenzen der Beauftragung von Dritten zu klären.

Einen ersten Bewertungsansatz liefert § 15 Abs. 2 FStrG. Danach ist der Betrieb von Nebenbetrieben an Bundesautobahnen auf Dritte zu übertragen, soweit nicht öffentliche Interessen oder besondere betriebliche Gründe entgegen stehen. Dafür ist von den Dritten eine Konzessionsabgabe zu entrichten (§ 15 Abs. 3 FStrG). Daraus könnte gefolgert werden, für die Beauftragung von Dritten mit dem abschnittsweisen Unterhalt von Bundesfernstraßen sei eine entsprechende gesetzliche Regelung erforderlich. Das Argument der fehlenden gesetzlichen Grundlage greift jedoch nicht. Für die Nebenbetriebe war sie nicht nur aus wettbewerbs- und verbraucherschutzrechtlichen Gründen als Komplement mit der damit verbundenen Marktposition, sondern insbesondere zur Rechtfertigung der Konzessionsabgabe aus finanzverfassungsrechtlichen Gründen erforderlich. Ein mit der Streckenunterhaltung beauftragter Dritter erhält keine Konzession und muss auch keine Konzessionsabgabe entrichten. Er arbeitet im Rahmen eines Werkvertrages für den gesetzlich zur Unterhaltung Verpflichteten. Hier reicht die Durchführung eines ordnungsgemäßen Vergabeverfahrens.

Im Weiteren ist zu berücksichtigen, dass die Unterhaltung der Bundesfernstraßen durch die Länder nicht als eigene Angelegenheit i.S.d. Art. 83 GG, sondern im Rahmen der Bundesauftragsverwaltung nach Maßgabe von Art. 85 GG erfolgt. Er gibt dem Bund erhebliche Aufsichtsbefugnisse. Die Frage ist daher, ob der Bund aufgrund dieser Kompetenzen eine Privatisierung der Unterhaltung verhindern oder anordnen könnte. Die Bundesregierung kann mit Zustimmung des Bundesrates allgemeine Verwaltungsvorschriften erlassen (Art. 85 Abs. 2 S. 1 GG). Sie kann die Ausbildung der Beamten und Angestellten regeln (Art. 85 Abs. 2 S. 2 GG) und verfügt bei der Berufung der Leiter der Mittelbehörden über ein Mitbestimmungsrecht (Art. 85 Abs. 2 S. 3 GG). Die Landesbehörden unterstehen den Weisungen der zuständigen obersten Bundesbehörden (Art. 85 Abs. 3 S. 1 GG). Die Bundesaufsicht erstreckt sich dabei sowohl auf die Gesetzmäßigkeit als auch auf die Zweckmäßigkeit der Ausführung (Art. 85 Abs. 4 S. 1 GG). Daraus ergibt sich zunächst, dass der Bund die Anforderungen an Art und Umfang der Unterhaltung sowohl generell-abstrakt durch Verwaltungsvorschriften als auch individuell-konkret durch Einzelweisungen vorgeben kann. Dieses Aufsichtsrecht ist in der Sache umfassend [124]. Eine Grenze besteht allenfalls dort, wo über eine Bundesweisung aus einer Bundesstraße eine Landestraße gemacht würde.[125]

Aus den umfassenden Aufsichtsbefugnissen bei der sachlichen Aufgabenerfüllung folgt allerdings nicht ohne weiteres, dass dem Bund in gleichen Maßen organisatorische Kompetenzen zustehen. Vielmehr bleibt die Einrichtung von Behörden Angelegenheit der Länder, soweit nicht Bundesgesetze mit Zustimmung des Bundesrates etwas anderes vorsehen (Art. 85 Abs. 1 GG). Ein solche gesetzliche Organisationsregelung besteht nicht. Daraus wird man folgern dürfen, dass ein Bundesland statt einer Behördenorganisation auch die Einrichtung eines Eigenbetriebs – wie im Falle Nordrhein-Westfalens und Rheinland-Pfalz – für den

[124] Vgl. BVerfGE 81, 310 <335>; 84, 25 <31>.
[125] Vgl. BVerfG, BayVBl. 2000, 625.

Unterhalt der Bundesfernstraßen vorsehen darf. Ein entsprechendes Verlangen könnte der Bund an die Länder nicht richten. Überträgt man dieses Prinzip auf die Beauftragung Dritter, steht ihrer Mitwirkung an der abschnittsweisen Unterhaltung von Bundesfernstraßen die Bundesaufsicht nicht grundsätzlich entgegen.

An diesen Grundsätzen hat auch das Fernstraßenbauprivatfinanzierungsgesetz (FStrPrivFinG) nichts Wesentliches geändert. Auch danach besitzen nach Maßgabe von Art. 90 Abs. 2 GG die Länder die Verwaltungskompetenz für die privat vorfinanzierten Fernstraßen. Soweit das Gesetz die Refinanzierung durch die Erhebung einer Maut zulässt (§§ 2 – 7 FStrPrivFinG), hat sie den Rechtscharakter einer öffentlich-rechtlichen Gebühr[126]. Damit ist klargestellt, dass private Betreiber auch insoweit im Rahmen einer öffentlich-rechtlichen Regie tätig werden können.

9.4.3 Anforderungen an Unternehmen / Kernkompetenzen

Die oben bereits genannte Warnowquerung in Rostock ist das erste privatwirtschaftliche Betreibermodell gemäß dem Fernstraßenbauprivatfinanzierungsgesetz. Die Realisierung des Bauvorhabens erfolgt durch die französische Firma Bouygues, welche die Konzession von der Stadt Rostock für die Betreibung im Rahmen einer europaweiten Ausschreibung erhalten hat.

Für die Travequerung in Lübeck als ein weiteres Betreibermodell erhielt ein Konsortium von HOCHTIEF und Bilfinger Berger den Zuschlag. Hierbei handelt es sich also um eine Kooperation zwischen zwei großen Bauunternehmen. Die Finanzierung erfolgt u.a. durch die Bereitstellung von 25 % Eigenkapital seitens der beteiligten Unternehmen.

Fraglich ist, inwieweit derartige Projektvolumina von 215 bzw. 141 Mio. EUR durch Kooperationen von mittelständischen Bauunternehmen realisiert werden können. Bei den F-Modellen handelt es sich ausschließlich um große Neubauvorhaben in Verbindung mit der anschließenden Betreibung. Für Kooperationen mittelständischer Unternehmen scheinen derartige Vorhaben nur bedingt geeignet zu sein.

Die Unterhaltung und der Betrieb von Fernstraßen, also sowohl Bundesautobahnen als auch Bundes- und Landesstraßen, sind eher geeignet für Kooperationen von mittelständischen Bauunternehmen. Ein Beispiel hierfür ist die Gründung der TSI GmbH im Freistaat Thüringen, welche später näher vorgestellt werden soll.

[126] Vgl. Steiner, NJW 1994, 3351; Roßnagel, ZRP 1995, 100 <102>.

Die Anforderungen an die Bauunternehmen resultieren letztlich aus den zu erfüllenden Aufgaben. Weiter oben wurde bereits auf die einzelnen Leistungsbereiche für die Unterhaltung und den Betrieb von Fernstraßen hingewiesen. Die vorhandenen Kernkompetenzen der beteiligten Unternehmen müssen sich also entsprechend der Aufgabenstellung ergänzen. In Abhängigkeit vom Umfang der übertragenen Aufgaben hinsichtlich Planung, Bau und Betreibung kommt eine Beteiligung für verschiedenste Bau- und Dienstleistungsunternehmen in Betracht. Insbesondere regionale Straßenbauunternehmen, welche bereits über die entsprechende Technik verfügen, könnten in Kooperation mit in der Straßenunterhaltung erfahrenen Betreibern derartige Aufgaben übernehmen.

Neben den fachspezifischen Voraussetzungen sind eine Reihe weiterer Voraussetzungen zu berücksichtigen, welche bereits in *Kapitel 7* beschrieben wurden. Zur Verdeutlichung der Problemstellungen bei der Übertragung der Straßenunterhaltung auf Private sollen die nachfolgenden Beispiele beitragen.

9.4.4 Beispiele

9.4.4.1 Privatisierung von Autobahnmeistereien in den Niederlanden

Die Privatisierung von Staatsbetrieben setzte in den Niederlanden ca. zehn Jahre eher ein als in Deutschland, d.h. bereits in den 80er Jahren. Der Anteil des öffentlichen Sektors am Nationaleinkommen betrug in den Niederlanden um 1983 etwa 70 %. Dabei sei erwähnt, dass sich ein Großteil des produktiven Kapitals im Besitz der öffentlichen Hand befand. In den 90er Jahren wurden auch Überlegungen und Versuche zur Privatisierung von Teilen der Verwaltung unternommen.

Von der niederländischen Straßenbauverwaltung wurde ein wissenschaftlich begleiteter, auf fünf Jahre angelegter Modellversuch gestartet, unter Beteiligung privater Unternehmen die originären Aktivitäten der Straßenbauverwaltung maximal zu verlagern. Die Niederlande verfügen über ein Autobahnnetz mit einer Länge von ca. 2.200 km. Insgesamt gibt es etwa doppelt so viele Straßen pro km² Fläche wie in Deutschland, ein wesentlich dichteres Erschließungsnetz und eine höhere Bevölkerungsdichte als in der Bundesrepublik.

Im September 1992 wurde im Bereich zwischen Deventer und Hengelo von der niederländischen Straßenbauverwaltung das Experiment gestartet. Die Straßenbauverwaltung, so der Grundgedanke, sollte eine Art Konzernmutter und die Ingenieurbüros und (General-)Bauunternehmen sollten die Töchter und Operateure darstellen (Kontrakt-Management). Damit sollten die bisher originären Aktivitäten der Straßenbauverwaltung, also Planung, Ausbau und

Unterhaltung, sowie auch ein Großteil der eigentlichen Verwaltungstätigkeit weitestgehend auf Dritte übertragen werden, eine Art „Outsourcing“ auf breitmöglichster Basis. Für das interessante Experiment wurden 42,4 km Autobahn (ein gesamter Autobahnmeisterei-Bezirk, A1/A35) vorgesehen. Das Gesamtbudget betrug für fünf Jahre etwa 45 Mio. DM. Das Pilotprojekt wurde fachlich von der Verwaltungshochschule Twente begleitet.

Als Hintergrund muss erwähnt werden, dass in den Niederlanden im Straßenunterhaltungsdienst seit 1982 ein radikaler Stellenabbau stattgefunden hat, so dass schon kaum noch „echte“ staatliche Straßenwärter, sondern nur noch staatliche Straßenkontrolleure auf den Straßen arbeiten. Dies führte bereits vor dem Modellversuch zu einer maximalen Vergabe von Leistungen an Dritte (im Gegensatz zur gegenwärtigen Situation in Deutschland). Nachdem im Jahre 1990 erneut der politische Wille manifestiert wurde, soviel wie möglich von privaten Unternehmen erledigen zu lassen, wurden landesweit fünf Modellprojekte initiiert, um operativ sinnvolle Möglichkeiten auszuloten.

Organigramm der niederländischen Straßenbauverwaltung

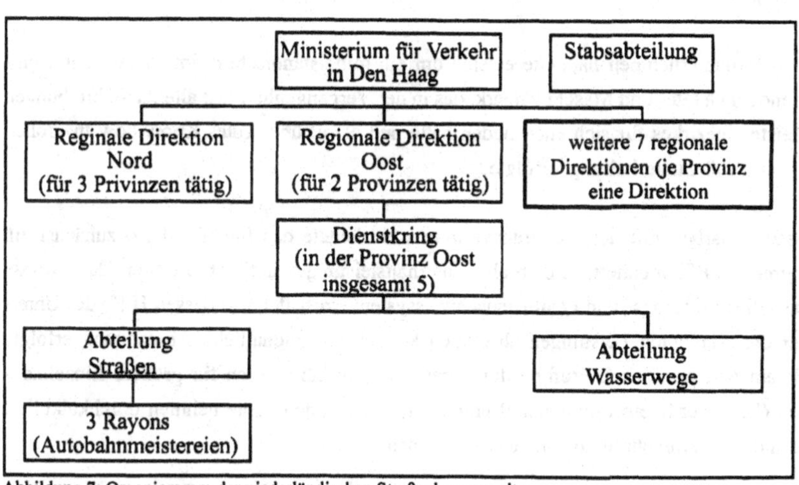

Abbildung 7: Organigramm der niederländischen Straßenbauverwaltung

Die regionalen Direktionen entsprechen etwa der Ebene der deutschen Regierungspräsidien, ein Dienstkring etwa einem deutschen Autobahnamt und die Rayons sind für die Überwachung der Autobahnen und Schnellwege zuständig. Die Provinzen selbst besitzen keine Gesetzgebungskompetenz, ihre Aufgabe besteht hauptsächlich in der Koordination und Kontrolle.

Der Hoofd Dienstkring Wegen Hengelo betreute mit 31 Mitarbeitern (17 im Büro, 14 verteilen sich auf 3 Rayons) 140 km Autobahn sowie andere wichtige Nationalstraßen und Schnellwege. Ein vergleichbares deutsches Autobahnamt hat rund viermal so viele Mitarbeiter. Der Rayon Hengelo wurde als Versuchsobjekt ausgewählt; folgende Fragen wurden gestellt:

- Kann der Straßenunterhaltungsdienst als Ganzes vergeben werden?
- Was sind zwingend verbleibende hoheitliche Aufgaben?
- Ist es sinnvoll, alles an Private zu vergeben?
- Können die Kosten des Straßenunterhaltungsdienstes durch Wettbewerb reduziert werden oder kann bei gleichbleibenden Kosten die Qualität gesteigert werden?
- Kann der Staat flexibler handeln, wenn er keine eigene Organisation vorhält?

Zu Beginn der Versuchsphase trennten sich die Ämter der Fachverwaltung von einer Vielzahl privatisierbarer Aufgaben und wurden zu Kerndepartments zurückgebildet. Einige Mitarbeiter wurden an das beteiligte Ingenieurbüro überschrieben (dies wurde schnell rückgängig gemacht, da die hergebrachte Berufsauffassung nicht den Vorstellungen des Unternehmers entsprach).

Bei dem Bauunternehmen handelte es sich um ein mittelständisches Unternehmen mit entsprechendem Geräte- und Maschinenpark, das in der Vergangenheit fast alle Ausschreibungen des Meistereibezirkes für sich entschieden hatte und damit über gutes Know-how in großen Teilen der Straßenunterhaltung verfügte.

In Zusammenarbeit mit den Behördenvertretern erarbeitete das Ingenieurbüro zunächst ein umfangreiches Pflichtenheft, in dem alle Unterhaltsleistungen definiert wurden. Dazu wurde ein spezielles Leistungs- und Qualitätsnachweissystem erarbeitet, mit dessen Hilfe der Unternehmer die erbrachten Leistungen abrechnen konnte. Die monatliche Abrechnung erfolgte jeweils auf Nachweis nach Prüfung durch das Ingenieurbüro. Auch für größere Einzelmaßnahmen (UA) wurde ein Pflichtenheft erarbeitet, das von dem Unternehmen durchkalkuliert wurde und ohne Ausschreibung an diesen vergeben.

Ergebnisse des Modellprojektes

Bereits nach relativ kurzer Zeit hat sich gezeigt, dass das beauftragte Ingenieurbüro allein nicht die Rolle der Straßenbauverwaltung übernehmen, sondern lediglich als Berater und Erfüllungsgehilfe oder als Stabsstelle agieren kann. Eine Nachkalkulation hat gezeigt, dass für einzelne Tätigkeiten Kostensteigerungen aufgetreten sind, die weit über der Inflations- bzw. Kostensteigerungsrate lagen. Im Einzelnen schwankte der Preis beim Ingenieurbüro zwischen

30 % billiger und 120 % teurer. Beim Bauunternehmen waren sie 5 bis 11% höher. Die Einheitspreise im Experiment haben sich als höher erwiesen als bei öffentlicher Ausschreibung.

Die vollständige Vergabe der Leistungen an ein Ingenieurbüro und einen Generalunternehmer über mehrere Jahre hatte zur Folge, dass das Wechselspiel zwischen Angebot und Nachfrage (Wettbewerb) nicht mehr funktionierte. So wurde letztlich das staatliche Monopol nur durch ein privates Monopol ersetzt. Einige Arbeiten der Verkehrssicherheit, deren Leistungsanforderungen nicht genau beschrieben wurden, sind der Gewinnmaximierung des Unternehmens unterlegen gewesen. Dies galt insbesondere für die täglich wiederkehrenden Unterhaltungsarbeiten, für die sich nur schwer eindeutige Qualitätsanforderungen definieren lassen (beispielsweise wann Leitpfosten gereinigt werden müssen).

Dabei ist jedoch nicht exakt gegenübergestellt worden, mit welchen Mitteln die Straßenverwaltung diese Qualität erreicht hätte. Denn in der niederländischen Straßenbauverwaltung wurde bisher nicht betriebswirtschaftlich abgerechnet.

Von dem Bauunternehmen konnte im Modellversuch klar gezeigt werden, dass Verbesserungspotenziale bei der betrieblichen Unterhaltung existieren. Das Bauunternehmen hat die Ressourcen (Fahrzeuge/Maschinen und Mitarbeitereinsatz) optimiert, um Kosten einzusparen und Gewinne zu erzielen. Dieser Antrieb zur Ablaufoptimierung, der Nutzung von Synergieeffekten und das Erkennen von Verbesserungspotenzialen ist bei einer staatlichen Unterhaltungsorganisation nur schwach ausgeprägt.

Zwischenfazit

Im Ergebnis der Untersuchung des Modellversuchs in den Niederlanden bleibt festzustellen, dass eine Privatisierung von öffentlichen Aufgaben allein noch nicht zur Erzielung von Effizienzgewinnen führt. Nur beim Vorhandensein der entsprechenden Rahmenbedingungen sind Einsparpotenziale und eine Verbesserung der Leistungen zu erwarten. Eine entscheidende Rolle spielt neben dem Risikotransfer hierbei die Existenz wettbewerblicher Strukturen bei der Leistungserbringung.

9.4.4.2 Thüringer Straßenwartungs- und Instandhaltungsgesellschaft mbH

Einleitend noch einige Anmerkungen zur vorhandenen Infrastruktur im Freistaat Thüringen. Die Länge der Straßen des überörtlichen Verkehrs betrug mit Stand vom 1. Januar 2002 bei den Bundesautobahnen 299 km, bei den Bundesstraßen 1.940 km, bei den Landesstraßen 5.646 km und bei den Kreisstraßen 2.365 km. Die Leistungserbringung hinsichtlich der Unterhaltung und des Betriebes der Straßen in Thüringen erfolgt auf der Grundlage von öffentlichen Ausschreibungen. Daneben existiert ein Rahmenvertrag für Sommerdienstleistungen bei den Thüringer Landesstraßen, welcher allerdings von untergeordneter Bedeutung ist.

Ein Beispiel für die Privatisierung öffentlicher Aufgaben im Infrastrukturbereich ist die TSI GmbH mit Sitz in Apfelstädt. Die Gründung des Unternehmens erfolgte im November 1996 in Form der Privatisierung des Straßenbetriebsdienstes des Freistaates Thüringen (als erstes Bundesland). Der Freistaat war zunächst alleiniger Gesellschafter der TSI GmbH. Mit Wirkung vom 1. Januar 2002 ist das Unternehmen auch materiell privatisiert. Neuer Gesellschafter der TSI GmbH wurde eine Bietergemeinschaft, bestehend aus zwei Tiefbaukonzernen, der Bickhardt Bau AG, Kirchheim und der STRABAG AG, sowie der Firma Poßögel, einem mittelständischen Straßen- und Tiefbauunternehmen mit Sitz in Hermsdorf. Es handelt sich hierbei also um eine gemeinsame Beteiligung von drei Bauunternehmen. Der Jahresumsatz der TSI GmbH beträgt gegenwärtig ca. 30 Mio. EUR. Dieser resultiert letztlich aus der Anzahl der gewonnenen Ausschreibungen und dem Umfang der abrechenbaren Leistungen. Mit anderen Worten: Das Risiko von witterungsbedingten Minderleistungen, speziell bei den Winterdienstleistungen, wird ausschließlich von der TSI GmbH getragen.

Gegenstand des Unternehmens sind insbesondere Straßenwartungs- und Instandhaltungsleistungen von Bundes- und Landesstraßen. Daneben werden Tätigkeiten der Straßenwartung und Instandhaltung von Bundesautobahnen, Kreis- und Kommunalstraßen sowie diesen Tätigkeiten entsprechende Dienstleistungen an anderen Bauwerken und Anlagen realisiert. Die TSI GmbH besteht aus vier regionalen Niederlassungen, welchen jeweils vier bis fünf Betriebsstätten zugeordnet sind.

Der Übergangszeitraum zwischen der Gründung der TSI GmbH und der abschließenden Privatisierung des Unternehmens betrug vereinbarungsgemäß ca. fünf Jahre. Hierbei erfolgte auf Grund der komplexen Materie der Übergang des vorhandenen Personals (1997) und des Fuhrparks (1998) schrittweise. Neben der Erstellung einer Unternehmensstrategie musste anfänglich zunächst ein Mengenkatalog für sämtliche Leistungen erstellt werden, welcher die Grundlage für die spätere leistungsbezogene Vergütung der TSI war und heute die Basis für die Ausschreibung der Leistungen in der Straßenunterhaltung in Thüringen ist. Die Übernahme der vorhandenen Liegenschaften und des Großteils der Fahrzeuge sowie die Klärung eigentumsrechtlicher Fragestellungen bei den Immobilien und Mobilien bildeten weitere Schwerpunkte des Übergangs. Durch den Abschluss eines Haustarifvertrages wurden die arbeitsrechtlichen Fragen einer langfristigen Lösung zugeführt, wobei neben der Einführung einer leistungsgerechten Vergütung der erforderliche Personalabbau zu berücksichtigen war. Dieser resultierte einerseits aus dem im Verhältnis zur Aufgabenrealisierung zu großen Personalbestand, welcher übernommen werden musste, und der fehlenden Qualifikation einer Reihe von Mitarbeitern zur Bewältigung der Aufgaben unter marktwirtschaftlichen Bedingungen.

Seitens des Freistaats wurde mit der Privatisierung die Erzielung von Rationalisierungspotenzialen angestrebt, was wiederum eine Voraussetzung für ein langfristiges Bestehen des Unternehmens darstellte. Nachfolgend soll auf die Rationalisierungsergebnisse kurz eingegangen werden.

Zu den direkten Rationalisierungsmaßnahmen zählen die Maßnahmen in den Bereichen Personal, Fahrzeuge und Geräte, Liegenschaften, Material sowie Versicherungen. Als indirekte Maßnahmen sind die Verbesserung der Arbeitsabläufe bzw. die Umstrukturierung bestehender Organisationsformen, die Einführung betriebswirtschaftlicher Kennzahlen sowie die Sensibilisierung der Mitarbeiter für betriebswirtschaftliche Aspekte zu nennen.

Die Durchführung der Rationalisierungsmaßnahmen erfolgte zur Erreichung der nachfolgenden Ziele:

- Höhere Wettbewerbsfähigkeit
- Höhere Leistungsfähigkeit
- Preissenkungen bei den Ausschreibungen
- Einsparpotenziale von Roh-, Hilfs- und Betriebsstoffen
- Schaffung von aussagefähigen Kalkulationsgrundlagen.

Im Ergebnis der bisherigen Rationalisierungen konnten die Personalkosten und die Kosten zur Unterhaltung der Betriebsstätten um jeweils 40 %, die Fahrzeugkosten um ca. 30 % und die Kosten für die Roh-, Hilfs- und Betriebsstoffe um 20 % gegenüber der Ausgangssituation zum Zeitpunkt der Gründung des Unternehmens reduziert werden. Diese Kosteneinsparungen kommen den Auftraggebern direkt zugute und das bei gleichbleibend guter Qualität der erbrachten Leistungen bzw. sogar bei deren Verbesserung. Eine detaillierte Aussage über die erzielten Einsparpotenziale durch die privatwirtschaftliche Realisierung der Straßenunterhaltung kann letztlich nur durch die öffentliche Hand, d.h. den Auftraggeber nachvollzogen werden. Voraussetzung hierfür ist eine Gegenüberstellung der Leistungserbringung und der diesbezüglichen Kosten unter Einbeziehung der Kosten bei der Verwaltung.

Der Freistaat Thüringen profitierte von den Rationalisierungsmaßnahmen bei der TSI GmbH in mehrfacher Hinsicht:

- bessere Qualität und mehr Leistung auf den Thüringer Straßen durch eine erheblich höhere Leistungsfähigkeit der TSI GmbH infolge der gestiegenen Produktivität
- durch die Rückführung der durch die TSI GmbH erbrachten Steueranteile an den Freistaat.
- langfristig in der Reduzierung der erforderlichen Haushaltsmittel im Straßenbetriebsdienst in Abhängigkeit von den Marktpreisen.

9.4.5 Fazit – Aufgabenfeld Unterhaltung und Betrieb von Fernstraßen

Wie das Beispiel im Freistaat Thüringen zeigt, ist die Übertragung der Aufgaben hinsichtlich der Unterhaltung und des Betriebes von Fernstraßen auf Kooperationen von mittelständischen Bauunternehmen erfolgreich realisierbar. Voraussetzung hierfür ist eine entsprechende Willensbildung bei den Entscheidungsträgern in Politik und Verwaltung und die Schaffung der entsprechenden Rahmenbedingungen.

Die erzielbaren Einsparpotenziale für den öffentlichen Auftraggeber durch eine privatwirtschaftliche Realisierung sind erheblich. Deren Höhe hängt nicht allein vom privaten Auftragnehmer ab, sondern auch von der notwendigen Neuorganisation innerhalb der öffentlichen Verwaltung.

Für mittelständische Bauunternehmen entstehen insbesondere durch Kooperationen hier neue Tätigkeitsfelder, welche langfristig zur Verbesserung der Auftragslage und zum Fortbestand des Unternehmens beitragen können. Eine diesbezügliche unternehmerische Entscheidung stellt neue Anforderungen an das bzw. die Unternehmen und ist natürlich auch mit Risiken verbunden. Nach Einschätzung der TSI GmbH ist in Abhängigkeit vom Umfang der Aufgabenübertragung und von der Anzahl der beteiligten Unternehmen eine Kooperation von mittelständischen Unternehmen ab einem Jahresumsatz je Projekt (Straßenunterhaltung für eine „abgeschlossene" Region) von ca. 5 bis 10 Mio. EUR denkbar.

Anhang

Europäische und nationale Beispiele für PPP unter Beteiligung von KMU

Situation von Privatisierungsvorhaben und -modellen in Europa

Im europäischen Ausland, insbesondere in Großbritannien und in Frankreich, werden bereits seit den 80er Jahren privatwirtschaftliche Realisierungen von öffentlichen Aufgaben durchgeführt. Hochbauseitig handelt es sich hierbei u.a. um Bürogebäude, Schulen, Krankenhäuser und Gefängnisse. Außerdem erfolgte die Realisierung von Vorhaben im Straßenbau, bei Tunnel- und Brückenbauwerken sowie in der Stadtentwicklung. Die dort gesammelten Erfahrungen und nachgewiesenen Effizienzgewinne können für eine Entscheidung bei derartigen Bauvorhaben in Deutschland herangezogen werden. Nachfolgend werden zwei realisierte Hochbauvorhaben (Großbritannien) und ein Tunnelbau (Frankreich) vorgestellt. Die Auswahl dieser Beispiele erfolgte vor dem Hintergrund der Beteiligung von mittelständischen Unternehmen.

Schulprojekt in Hull / Großbritannien

Anforderung und Eigenschaften der baulichen Anlage

Bei der Victoria Dock Primary School[127] handelt es sich um die erste privatwirtschaftlich realisierte Schule in England. Die Vertragspartner des Projektes waren das Hull City Council und die Projektgesellschaft „Victoria Dock Primary School Company Limited". Entsprechend der Bevölkerungsentwicklung in dieser Gegend sollte das Projekt in drei Phasen durchgeführt werden. Phase eins sah den Neubau einer Grundschule mit zwei Klassenzimmern, Büroräumen, einem Spielplatz und einem Spielfeld vor. In Phase zwei und drei sollten weitere Klassenzimmer und ein größeres Lehrerzimmer hinzukommen. Die Sanierung des Industriegebietes „The Docklands" in Hull und dessen Umwandlung zum Wohngebiet zu Beginn der 90er Jahre machte den Bau einer Grundschule erforderlich, um Mieter anzuziehen und Hauskäufe in diesem Gebiet anzukurbeln. Als 1996 der Bau einer neuen Schule durch die Stadtverwaltung diskutiert wurde, stellte sich heraus, dass keine öffentlichen Mittel für dieses Projekt zur Verfügung standen. Deshalb war eine privatwirtschaftliche Realisierung die einzige Option, um die dringend benötigte Schule zu errichten.

[127] Vgl. dazu auch: Heinecke: Involvement of Small and Medium Sized Enterprises in the Private Realisation of Public Buildings, Technische Universität Bergakademie Freiberg, Freiberger Arbeitspapiere, Nr. 09, 2002, S. 31 ff.

Ausschreibungsverfahren, Vergabe

Das Projekt wurde im Januar 1997 ausgeschrieben. Die Schulbehörde stellte währenddessen detailliertere Informationen zu Projekt und Ausschreibungsprozess zusammen und bereitete einen Fragebogen vor. Diese Dokumente wurden an zwölf interessierte Unternehmen versandt. Die Hälfte der Fragebögen wurde ausgefüllt zurückgeschickt. Auf Grund der nur geringen Anzahl interessierter Unternehmen traf die Schulbehörde keine engere Auswahl und versandte die Aufforderung zu Verhandlungen an alle sechs. Unter den Bietern waren vier Großunternehmen, ein Konstruktionsbüro sowie die Sewell Group, ein mittelständisches Unternehmen. Die Verhandlungsunterlagen wurden im Juli von den Interessenten zurückgeschickt, und die Schulbehörde führte weitere Gespräche mit den Bietern. Die vorliegenden Angebote wurden nach rechtlichen, finanziellen und technischen Aspekten bewertet. Ein weiterer entscheidender Punkt, welchen die Schulbehörde bei ihrer Entscheidung berücksichtigte, war die Frage, mit welchem Unternehmen sie 25 Jahre ohne größere Auseinandersetzungen zusammenarbeiten könnte. Im September 1997 wurde der bevorzugte Bieter sowie ein Reserve-Bieter von der Schulbehörde benannt. Die Sewell Group erhielt dabei den Auftrag für das Projekt. Der Reserve-Bieter wurde bei den nachfolgenden Verhandlungen einbezogen, er wurde allerdings auf Grund der problematischen Verhandlungsphase im Hintergrund gehalten.

Optimierung, Rationalisierung und Effizienzsteigerung

Die Verspätung bei den Verhandlungen bis zum endgültigen Vertragsabschluss zeigte, dass in dieser Phase unvorhergesehene Probleme auftauchten. Vergleicht man dieses Projekt jedoch mit anderen, war die Verhandlungsphase relativ kurz. Es stellte sich als Problem heraus, einen Vertrag auszuhandeln, welcher bisher im Schulsektor noch nicht in dieser Form zur Verfügung stand. Jedes Detail musste mit Hilfe von Beratern ausgearbeitet werden, die ebenfalls noch keinerlei Erfahrungen mit PFI-Projekten im Schulsektor hatten. Folgende Punkte haben zu Verzögerungen im Verhandlungsprozess beigetragen:

- Die Diskussion über die Risikoverteilung zog sich in die Länge, da die Parteien unterschiedliche Ansichten zu diesem Punkt hatten.
- Die am Verhandlungsprozess beteiligten Mitarbeiter der Schulbehörde hatten keine Vollmacht, um bestimmte Entscheidungen zu treffen.
- Die Geldgeber wurden zu spät bei den Verhandlungen einbezogen und schon gefällte Entscheidungen mussten rückgängig gemacht werden, um die Interessen der Kapitalgeber zu berücksichtigen.

- Die Bank, welche das Projekt ursprünglich finanzieren sollte, trat nur Wochen vor der Unterzeichnung vom Vertrag zurück, und die Sewell Group musste sich nach einer neuen Bank umsehen.
- Die Berater der Sewell Group und der Schulbehörde hielten den Verhandlungsprozess auf, da sie nach Zeit bezahlt wurden und somit kein Interesse bestand, den Prozess so schnell wie möglich abzuschließen.

Die Schulbehörde erstellte einen „Public Sector Comparator“ (PSC) und bewertete das Preis-Leistungsverhältnis des Projektes. Als das Projekt den Vertragsstrukturtest bestanden hatte, bewarb sich die Schulbehörde für den PFI-Kredit im Wert von 1,5 Millionen Pfund. Das gesamte Projekt wurde sorgfältig vom Finanzministerium geprüft und letztendlich genehmigt.

Zur Realisierung des Vorhabens wurde eine „Special Purpose Vehicle“ (SPV) gegründet, welche eine 100 %ige Tochtergesellschaft der Sewell Group war. Das Unternehmen ist verantwortlich für alle Projektphasen von der Planung, über den Bau der Schule bis hin zu Betrieb und Instandhaltung.

Die Sewell Group ist ein traditionelles Familienunternehmen, welches bis zum Ende der 80er Jahre ausschließlich im Baugeschäft tätig war. Die Rezession in Großbritannien Anfang der 90er Jahrer zwang die Firma dazu, nach neuen Geschäftsfeldern zu suchen. So gründete Sewell neben dem traditionellen Baugeschäft eine Planungs- und Entwicklungsabteilung sowie eine Abteilung für Facility Management. Desweiteren stieg Sewell in den Handel mit Benzin ein. Diese Firmenstruktur ist bis heute erhalten geblieben. Die Sewell Group setzt im Jahr ca. 30 Millionen Pfund um, die Hälfte davon mit dem Verkauf von Benzin. Im Baugeschäft werden 12 Millionen Pfund umgesetzt, und der Betrieb und die Instandhaltung von Bauobjekten bringt jährlich etwa 3 Millionen Pfund ein. Das Unternehmen hat 200 Angestellte, davon 80 im Benzingeschäft und 120 in den anderen Abteilungen. Speziell die Erfahrungen, welche durch die vertikale Integration in den 90er Jahren gewonnen wurden, ermöglichte es der Sewell Group, sich an der Ausschreibung für das PFI-Schulprojekt zu beteiligen. Die Tatsache, dass die Firma Planung, Bau und Betrieb der Schule aus einer Hand liefern konnte, brachte Sewell Group einige Vorteile ein:

- Es gab weniger Streitigkeiten am Verhandlungstisch verglichen mit einem Projektteam, dass aus mehreren Parteien besteht. Somit wurden Transaktionskosten sowie Kosten in der Ausschreibungsphase erheblich reduziert.
- Das Thema der Überwälzung von Risiken auf Subunternehmer erübrigte sich.
- Da eine Koordination verschiedener Parteien nicht notwendig war, konnte die Bauphase um drei Monate verkürzt werden.

- Entstehende Gewinne für Bau, Betrieb und die Eigenkapitalrendite flossen vollständig an die Sewell Group.

Die Qualitätszusicherung nach ISO 9002 und BS5750 war ein weiterer Faktor bei der Entscheidung für die Sewell Group als bevorzugten Bieter. Für das Projekt wurde ein 25-jähriger Vertrag zwischen der Schulbehörde und dem Unternehmen abgeschlossen. In Übereinstimmung beider Parteien kam eine Generierung von Dritteinkommen durch die Vermietung von Räumlichkeiten für externe Anlässe nicht infrage. Die Entscheidung wurde mit dem Entstehen erhöhter Risiken für den Betreiber begründet. Die zu erbringenden Leistungen beinhalten die Instandhaltung des Geländes und der Räumlichkeiten, das Putzen der Fenster, die Abfallbeseitigung, Hausmeisterpflichten und die Bereitstellung von Computergeräten. Der Betreiber ist jedoch nicht verantwortlich für die Schulspeisung. Es stellte sich als günstiger heraus, diese Aufgabe an eine externe Firma zu übertragen. Die Lehrtätigkeit wird von öffentlicher Seite übernommen.

Die zu erbringenden Leistungen müssen den im Vertrag vereinbarten Standards entsprechen. Das Lehrpersonal hat die Aufgabe, das Schulgelände täglich mit einer Prüfliste abzulaufen und Probleme bzw. erforderliche Instandhaltungen an den Hausmeister von Sewell zu melden. Die an den Betreiber zu zahlende Rate ist abhängig von der Verfügbarkeit und der vertragsgemäßen Erbringung der Leistung. Der Vertrag schreibt ein Strafpunktesystem für die Nicht- bzw. Schlechterfüllung von Leistungen fest, welches den Einnahmenstrom beeinflusst. Sind Klassenräume nicht verfügbar, wirkt sich das ebenfalls negativ auf die Einnahmen aus. Bis zum vergangenen Jahr mussten allerdings noch keine Strafpunkte vergeben werden. Ein Benchmarking-System stellt die Schule zudem in den Wettbewerb mit anderen Schulen und gibt somit Anreize zur überdurchschnittlichen Leistungserfüllung.

Das Projekt wird durch Eigenkapital und Kredite finanziert. Die von der Bank of Scotland zur Verfügung gestellten Kredite machen 90 % der Projektfinanzierung aus. Die verbleibenden 10 % waren das Minimum des von der Bank vorgeschriebenen Eigenkapitalanteils für das Projekt. Ursprünglich sollte die Kreditfinanzierung der Schule über eine andere Bank erfolgen, welche aber kurz vor Vertragsabschluss aus dem Projekt ausstieg. Das Unternehmen musste sich somit kurzfristig nach einer neuen Bank umsehen und fand einen Partner in der Bank of Scotland. Die Dauer der Finanzierung war auf nur 10 Jahre festgelegt. Die Sewell Group übernahm das Marktrisiko und entschied sich für einen variablen Zinssatz. Dies stellte sich als eine richtige Entscheidung heraus. Der Zinssatz des Finanzierungsmodells lag bei 10,3 %, während die Sewell Group in den letzten Jahren nur etwa 8 bis 9 % zahlte. Ursprünglich wurde der Zinssatz auf 2,5 Prozentpunkte über dem LIBOR festgelegt, verringerte sich dann aber auf 1,75 Prozentpunkte. Die Gründe dafür waren die Zusammenlegung der Projektphase eins und zwei zu einem größeren Paket sowie die Verringerung des Risikos nach Inbetriebnahme der Schule. Die Bank of Scotland und die Sewell Group einigten sich auf eine Bürgschaft des Mutterunternehmens für die Bauphase. Diese ‚non-recourse'-Finanzierung, wie sie bei Projektfinanzierungen üblich ist, wurde in eine ‚limited-recourse'-Finanzierung umgewandelt. Die Bürgschaft endete im März 1999, zwei Monate nach Inbetriebnahme der Schule.

Bewertung

Zum Zeitpunkt dieses PFI-Projektes war es für die beteiligten Parteien nicht einfach, alle relevanten Risiken zu erkennen und zu bewerten, da das heute bekannte Risikotransfermodell noch nicht existierte. 38 Risiken wurden in einer Risikomatrix aufgelistet, von denen 36 an die Sewell Group weitergereicht wurden. Nur die Risiken für Änderungen von Gesetzen im Schul- und Gesundheitsbereich verblieben bei der Schulbehörde. Da die Sewell Group mechanische und elektrische Arbeiten sowie die Instandhaltung an Subunternehmer vergeben hatte, konnten die Risiken für diese Arbeiten an die Subunternehmer weitergereicht werden. Ein weiteres Risiko ist die Erhöhung von Unternehmenssätzen. Bei Eintritt dieses Risikos erhält die Sewell Group von der Schulbehörde Geld zurück.

Beim Bau einer Schule müssen unzählige Regelungen zur Einhaltung bestimmter Standards befolgt werden. Deshalb erwies es sich für die Sewell Group als schwierig, Innovationen bei der Errichtung des Gebäudes einfließen zu lassen. Ein entscheidender Vorteil der PFI-Option war jedoch die Betrachtung der gesamten Kosten des Lebenszyklus des Projektes. So wurden auf dem Dach der Schule zusätzliche Sicherheitsvorrichtungen installiert, und die Fenster erhielten Rollläden, um die durch Vandalismus entstehenden Kosten zu verringern. Werden Gewinne realisiert, die den berechneten Wert des Finanzmodells übersteigen, geht die Hälfte dieses Überschusses an die Schule. Diese Vereinbarung wurde getroffen, um auch die Mitarbeiter im Schuldienst zur Erbringung bestmöglicher Leistungen zu ermuntern. Im ersten Jahr betrug dieser Wert 5.000 Pfund. Das Geld wurde jedoch nicht in bar ausgezahlt, sondern floss in die Anlage eines Biotops, welche zum Anschauungsunterricht hergestellt wurde. Das gute Verhältnis zwischen der Schulbehörde und der Sewell Group wird gestärkt durch die Tatsache, dass Paul Sewell die Funktion als Schul-Gouverneur innehat. Dies hat Vorteile für beide Seiten. Die Schule profitiert von einem hervorragenden Service, und die Sewell Group kann Probleme bei der Bereitstellung des Services vermeiden. Somit hat die Schulbehörde davon profitiert, ein kleineres Unternehmen bei der Ausführung dieses PFI-Projektes zu bevorzugen.

Als eine der ersten privatwirtschaftlich realisierten Schulen war dieses ein Pilotprojekt, welches noch ohne die gesetzlichen Rahmenbedingungen für PFI auskommen musste. So wurde beispielsweise kein Outline Business Case (OBC) für die Kreditgenehmigung erstellt, da diese Anforderung zu dem Zeitpunkt noch nicht existierte.

Der Nettobarwert der Schule von 2,7 Millionen Pfund und ein Kapitalwert von 1,5 Millionen Pfund für Phase eins zeigt, dass sich eine privatwirtschaftliche Realisierung auch bei kleineren Projekten lohnt.

Feuerwache in Stretford / Großbritannien

Anforderung und Eigenschaften der baulichen Anlage

Die alte Feuerwache stammte aus dem Jahr 1939 und erfüllte nicht mehr die Erfordernisse[128]. Da durch eine Sanierung die aus dem veralteten Bau resultierenden Probleme nicht zu lösen waren, kam nur ein kompletter Neubau infrage. Normalerweise wird eine neue Feuerwache auf einem neuen Gelände gebaut, da die alte Anlage bis zur Fertigstellung des Neubaus voll betriebsbereit sein muss. Bei der Feuerwache in Stretford war dies nicht der Fall. Die Behörde entschied sich für einen Abriss des alten Gebäudes und eine Neuerrichtung auf demselben Gelände. Es gab zwei Gründe für diese Entscheidung. Zum einen musste jeder Ort der Gegend von der Feuerwehr in einer bestimmten Zeit erreichbar sein. Deshalb durfte die neue Feuerwache nicht zu weit von der alten entfernt sein. Zum anderen führte die wirtschaftliche Erschließung der Gegend zu einer Explosion der Grundstückspreise, welche die Akquisition eines neuen Grundstückes unbezahlbar machte.

Ausschreibungsverfahren und Vergabe

Ein Problem der Feuerbehörde war, dass sie das Projekt nicht aus ihren Einnahmen allein finanzieren konnte. Seitens der Feuerwache wurde ein Angebot im Januar 1997 zur Realisierung eines PFI-‚Pathfinder'-Projektes abgegeben. Die Genehmigung kam im März 1997 mit einer durch die Regierung zugesagten Summe von 70.000 Pfund für Beratungskosten. Beim Herangehen an das Projekt wies die ‚Greater Manchester Fire & Civil Defence Authority' fundierte Kenntnisse und Professionalität auf. Während andere Behörden auf Hilfe von der Regierung warteten, stellte die Greater Manchester Fire Authority ihre Projektunterlagen selbst zusammen und verkaufte Kopien ihres ‚Outline Business Case (OBC)' an andere Behörden. Dabei kamen zusätzliche Einnahmen von 12.500 Pfund zusammen.

[128]Vgl. ebd., S. 38 ff.

Der Vorteil des ‚Pathfinder'-Status des Projektes war, dass das benötigte Kapital unmittelbar zur Verfügung stand. Der zuerkannte PFI-Kredit betrug 4,7 Millionen Pfund. Dieser Betrag setzte sich aus einer 30 %igen Verminderung des Nettobarwertes der gesamten Lebenszykluskosten zusammen. Die Zusage der Summe lag auf Grund noch fehlender Rahmenbedingungen für die PFI-Kreditgewährung nur mündlich vor. Dennoch musste das Projekt den Vertragsstrukturtest bestehen und Value for Money (VFM) vorweisen. Das Projekt bestand den Test mit einer variablen Gebühr von 20 % der zu zahlenden Gesamtgebühr. VFM wurde durch die Quantifizierung der bei der Feuerwehrbehörde verbliebenen Risiken im PSC erreicht, der die Kosten des Projektes unter traditioneller Beschaffung schätzt. Ein Unterschied zu anderen PFI-Projekten bestand im Abzinsungsfaktor, der bei diesem Projekt 8,9 % anstelle der normalerweise üblichen 6 % betrug. Die Erhöhung wurde damit begründet, dass das Kapital vom privaten Sektor geliehen wurde. Dieser Zinssatz machte das Bestehen des VFM-Testes schwieriger, die Feuerwehrbehörde konnte die Vorteilhaftigkeit der PFI-Variante aber dennoch nachweisen.

Die Feuerbehörde bildete ein Projektteam aus vier Mitarbeitern, welche sich neben ihrem normalen Arbeitspensum um das Projekt kümmerten. Der Großteil der Arbeit wurde also von der Feuerbehörde selbst durchgeführt. Lediglich für spezifische Probleme sowie zur Kontrolle der Behörde wurden externe Berater engagiert. Somit sollten hohe Beratungskosten für Firmen vermieden werden. Die Berichterstattung des Projektteams erfolgte an einen Projektvorstand, welcher wiederum an einen Unterausschuss berichtete. Die Feuerwehrbehörde erstellte einen genauen Projektzeitplan, welcher während des Beschaffungsprozesses immer wieder überprüft wurde.

Soweit die Feuerwehrbehörde allein für die Aufgaben verantwortlich war, konnte der Zeitplan eingehalten werden. Die letzten Verhandlungen sollten im Juli 1998 beendet werden, wurden jedoch von den Rechtsanwälten der Behörde und der finanzierenden Bank in die Länge gezogen.

Die Feuerwehrbehörde schrieb das Projekt im März 1997 aus und versandte 49 Fragebögen an interessierte Unternehmen. Ursprünglich wollte die Behörde eine Vorauswahl von sechs Bietern für weitere Gespräche treffen, erhielt jedoch nur sechs Ausschreibungsangebote. Deshalb wurden alle Parteien zu Gesprächen eingeladen, und die Anzahl der Bieter reduzierte sich alsbald auf drei. Zwei der sechs Bieter gehörten zu verschiedenen Zweigen des gleichen Unternehmens und legten deshalb ihr Angebot zusammen. Ein weiterer Bieter hatte nicht die Kapazitäten zur Durchführung des Projektes.

In der Zwischenzeit wurde durch die Feuerwehrbehörde der Outline Business Case erstellt, welcher die nachfolgenden Punkte enthielt:

1. Begründung des Vorhabens
2. Bewertung der verschiedenen Alternativen
3. Die vorgeschlagene Beschaffungsweise
4. Value for Money und Bezahlbarkeit
5. Die Erfüllung des Vertragsstrukturtests
6. Auflistung der zu erbringenden Leistungen
7. Zeitplan des Projektes.

Der Outline Business Case wurde im Juni 1998 durch zusätzliche Informationen und aktualisierte Projektdaten ergänzt und als Final Business Case eingereicht. Die Ergänzungen beinhalteten Informationen zu Zahlungsmechanismus, Risikobewertung und -modell, Finanzierungsmodelle und den Zeitplan für die Implementierung der einzelnen Projektstufen. Mit den drei verbliebenen Bietern wurden innerhalb von sieben Wochen ausführliche und strukturierte Gespräche geführt. Es fanden jeweils drei verschiedene Treffen statt, wobei mit Gesprächen zu technischen Sachverhalten begonnen wurde. Bei den folgenden Gesprächen kamen dann finanzielle und rechtliche Angelegenheiten hinzu. Diese Strukturierung ermöglichte es den Bietern, ihre endgültigen Angebote nur neun Wochen nach Versand der Verhandlungsaufforderungen abzugeben. An den Verhandlungsunterlagen wurde kritisiert, dass diese nicht detailliert genug wären. Weiterhin verursachte das Verlangen der Feuerwehrbehörde nach Angeboten mit zwei verschiedenen Alternativen höhere Bietungskosten seitens der Unternehmen. Die erste Option beinhaltete den Bau auf dem schon existierenden Gelände, die zweite Alternative sollte für den Bau auf einem neuen Gelände erstellt werden.

Zwei der drei verbliebenen Bieter wurden zur Abgabe eines endgültigen Angebotes aufgefordert, der dritte Bieter erfüllte die von der Behörde aufgestellte Bezahlbarkeitsbedingung nicht. Die Angebote wurden dann nach folgenden Kriterien bewertet:

- Qualität von Bau und Planung
- Qualität des Facility Managements
- Qualität der Mitglieder des Konsortiums
- Finanzierungsvorschläge
- Übereinstimmung mit der Angebotsdokumentation.

Beide verbliebenen Unternehmen boten zufriedenstellende Lösungen an, wobei ein Unternehmen ein detaillierteres Angebot unterbreitete und generell mehr Offenheit zeigte. Dies überzeugte die Feuerwehrbehörde, da sie das Projekt partnerschaftlich durchführen wollte. Das Risiko von weiteren Verhandlungen nach Benennung des bevorzugten Bieters sollte dabei weitgehend ausgeschlossen werden. Die offene Beziehung zwischen der Feuerwehrbehörde und dem Unternehmen gewährleistete einen reibungslosen Verhandlungsprozess ohne größere Probleme. Lediglich die rechtlichen Berater waren für Verzögerungen verantwortlich.

Optimierung, Rationalisierung und Effizienzsteigerung

Für dieses spezielle Projekt gründete das ausgewählte Unternehmen eine Projektgesellschaft als eine 100 %ige Tochtergesellschaft. Die Projektgesellschaft schloss einen Vertrag mit der Muttergesellschaft als Subunternehmer für die Planung, das Projektmanagement, als Kontrollorgan und als Facility-Manager. Für den Bau der Feuerwache wurde ein weiteres Unternehmen vertraglich verpflichtet, wobei neben dem Baurisiko auch das Planungsrisiko an das Bauunternehmen weitergegeben wurde. Über weitere Subunternehmerverträge wurden die Leistungen für die Konstruktions- und Entwässerungsplanung seitens des Bauunternehmens beauftragt.

Die Feuerwehrbehörde und die Projektgesellschaft haben einen Vertrag über 25 Jahre abgeschlossen. Beide Parteien waren sich darüber einig, dass das Eigentum an dem Gebäude nach 25 Jahren automatisch an die Feuerwehrbehörde übergehen soll. Desweiteren bekommt die Behörde das Geld aus einem Tilgungsfonds, welcher nach 25 Jahren fällig wird, erstattet. Die verfügbaren Mittel sind für Erneuerungen und Reparaturen und zum Teil für Facility-Managementkosten vorgesehen. Die Feuerwehrbehörde muss sämtliche Ausgaben aus diesem Fonds genehmigen.

Mit der Funktion als Facility Manager sind die folgende Leistungen verbunden:

- die Gebäude- und Geländeinstandhaltung
- die Reinigung
- Hausmeisterleistungen
- die Treibstofflagerung
- maschinelle und technische Leistungen
- die Abfallbeseitigung
- die Sicherheitskontrolle
- die Verpflegung
- die Bereitstellung von Möbeln und deren Erneuerung
- die Energieversorgung und Wäsche.

Die an den Dienstleister zu zahlende Rate ist in einen leistungsabhängigen Teil und einen Teil für die generelle Verfügbarkeit aufgeteilt. Das gesamte Gebäude ist in Zonen verschiedener Prioritäten unterteilt, welche im Falle einer Nichtverfügbarkeit unterschiedlich mit Strafpunkten belegt werden. Der leistungsabhängige Teil der Zahlung ist abhängig von der erbrachten Qualität der Dienstleistung. Da die Strafen für Nichtverfügbarkeit hoch sind, wurde seitens des Unternehmens ein Notfallplan ausgearbeitet, um eine Nichtverfügbarkeit von Gebäudeteilen weitestgehend zu vermeiden. Funktionieren beispielsweise die Gerätetüren, welche jederzeit betriebsbereit sein müssen, nicht, können die manuellen Hintertüren benutzt werden. In diesem Fall liegt eine Leistungseinschränkung vor, es werden aber keine Strafpunkte für Nichtverfügbarkeit erteilt. Während der zweijährigen Betriebsphase ist bisher nur ein kleineres Leistungsversäumnis aufgetreten.

Die Baukosten des Projektes wurden zu 90 % aus Krediten finanziert und zu 10 % aus Eigenkapital. Die British Linen Bank stellte den langfristigen Kredit zur Verfügung, welcher nach 20 Jahren abgezahlt werden soll. Zwischen dem Unternehmen und der Bank wurde ein Swapzinssatz zwischen 7 und 8 % vereinbart. Dies erfolgte mit dem Ziel der Risikoreduzierung. Die Bank sicherte ihr Risiko ebenfalls ab, was mit höheren Kosten für die Behörde verbunden war. Zur Vermeidung weiterer Kosten wurde seitens des Unternehmens auf eine Entnahme der erwirtschafteten Gewinne in den ersten Jahren verzichtet und der Verkauf eines Aktienpakets von 25 % an die finanzierende Bank vereinbart.

Bewertung

Ein ausreichender Risikotransfer zum privaten Sektor ist ein Hauptmerkmal erfolgreicher PFI-Projekte. Zur Identifizierung der verschiedenen Risiken bediente sich die Feuerwehrbehörde einer von dem hinzugezogenen Beratungsunternehmen aufgestellten Risikoliste, welche ehemals für den Gesundheitssektor entwickelt wurde und insgesamt 1.400 potenzielle Risiken enthielt. Diese Liste wurde dann entsprechend angepasst, so dass 160 Risiken für dieses Projekt übrigblieben. Nach der Bewertung dieser Risiken wurde eine quantitative Risikoanalyse durchgeführt.

Die Behörde übertrug die meisten Risiken an die gegründete Projektgesellschaft. Lediglich die nachfolgenden Risiken verblieben bei der Behörde:

- die zusätzlichen Kosten für Planung und Bau auf Grund von verspäteten Planungsänderungen seitens der Feuerwehrbehörde
- plötzliche Zunahme betrieblicher Erfordernisse auf Grund von regionalen oder nationalen Katastrophen

- Änderungen der Größen von Feuervorrichtungen in der Zukunft
- gesetzliche Änderungen bezüglich der Planung, der Regierungsstruktur sowie der Mittelbereitstellung für Feuerwehrbehörden
- die Änderung von Zinssätzen verursacht durch die Verspätung von Vertragsabschlüssen seitens der Behörde
- höhere Gewalt
- Behinderungen durch die Behörde, welche die Kosten des SPV erhöhen
- Vertragsbruch durch die Behörde

Zur Reduzierung der Kosten wurden seitens der Behörde und des Unternehmens Vorschläge eingebracht, welche allerdings nur zum Teil umgesetzt werden konnten. Dies beinhaltete sowohl organisatorische als auch bautechnische Maßnahmen. Anreiz für Innovationen seitens der Behörde war die direkte Beteiligung der Behörde an den Ersparnissen.

Tunnelprojekt Prado Carenage in Marseille / Frankreich[129]

Anforderung und Eigenschaften der baulichen Anlage

Die Stadt Marseille ist mit rund 800.000 Einwohnern die zweitgrößte Stadt Frankreichs. Zur Umgehung des alten Stadtzentrums steht lediglich ein Boulevard mit drei Richtungsfahrbahnen zur Verfügung, der allerdings stark überlastet ist. Schon in den 60er Jahren wurde ein Straßenbauprogramm erarbeitet, dass eine Unterquerung der Altstadt vorsah, aber zum damaligen Zeitpunkt nicht realisiert wurde. Die Umsetzung erfolgte erst viele Jahre später auf privatwirtschaftlicher Basis mit der Inbetriebnahme 1993. Grundlage für die Durchführung war ein 1986 verabschiedetes Gesetz, dass den Kommunen ermöglichte, Konzessionen an private Dienstleister zu vergeben, die im Gegenzug Gebühren für die Nutzung erheben. Hier handelte es sich um den Ausbau eines stillgelegten Eisenbahntunnels von rund 2,5 km Länge zu einem PKW-Tunnel auf zwei Ebenen zwischen dem Bassin de Carénage und dem Güterbahnhof Prado auf Basis eines Mautmodells.

Ausschreibungsverfahren und Vergabe

Die Ausschreibung enthielt die zwingende Anforderung, den bestehenden Eisenbahntunnel in die Planung einzubeziehen. Als Ergebnis lagen elf verschiedene Projektvorschläge von vier Unternehmensgruppen vor. Die Auswahl erfolgte in erster Linie nach den Kriterien Qualität, Verkehrssicherheit und Wirtschaftlichkeit des Angebots, ferner flossen der Komfort für die Tunnelbenutzer, die Mauthöhe, der Inbetriebnahmezeitpunkt, die städtebauliche Einbindung und auch die Kapazität des Systems zur Mauterhebung in die Bewertung ein.

Als Konzessionsnehmer wurde eine Société Anonyme französischen Rechts ausgewählt, an deren Eigenkapital die Baukonzerne Borie SEA (heute EIFFAGE), Campenon Bernard SGE und SOGA zu 40 % beteiligt sind, während ein Bankenkonsortium die verbleibenden 60 % in Form von Wandelschuldverschreibungen aufgebracht hat. Der Konzessionsnehmer tritt als Bauherr und Betreiber auf.

[129] Vgl. ausführlich: Jacob/Kochendörfer et al., Effizienzgewinne (2002), a.a.O., S. 93 ff.

Optimierung, Rationalisierung und Effizienzsteigerung

Die Vertragsdauer des Konzessionsvertrages war auf 30 Jahre bestimmt, wurde aber später wegen der Unterschreitung des Verkehrsaufkommens auf 32 Jahre verlängert. Für die Überlassung des Tunnels und die Gewährung der Konzession verlangte die Stadt Marseille eine Zahlung von 70,5 Mio. FF. Die Konzession kann nach Ablauf von 2/3 der Konzessionsdauer von der Stadt zurückgekauft werden, wobei sich der Kaufpreis an der Restlaufzeit des Vertrages und den Betriebsergebnissen der letzten Jahre orientiert. Der Vertrag sieht einen umfassenden Transfer von Risiken auf den privaten Träger vor, angefangen vom Planungsrisiko über Termin- und Kostenrisiko bis hin zum Zins- und Finanzierungsrisiko und natürlich dem wichtigen Nachfragerisiko in Form des Verkehrsrisikos. Bei letzterem bedeutet dies, dass die Stadt nicht für das Verkehrsaufkommen und den daraus resultierenden Umsatz garantiert und auch keine administrativen Maßnahmen trifft, um den Verkehrsfluss in der Tunnelröhre zu steigern.

Die Plankosten betrugen 1991 748,6 Mio. FF für den Bau, 92,6 Mio. FF für die Vorkosten der Gesellschaft und 92,2 Mio. FF für die Bauzeitzinsen. Die Finanzierung erfolgte zum größten Teil über Darlehen (747,3 Mio. FF) und desweiteren über eine Wandelschuldverschreibung und Eigenkapital.

Bewertung

Die Refinanzierung des Projekts aus den Mauteinnahmen der Nutzer erwies sich als schwierig, denn das Verkehrsaufkommen blieb 1993 in der Startphase weit hinter dem prognostizierten Aufkommen zurück. Statt der angenommenen 38.000 Fahrzeuge pro Tag wurde lediglich eine Auslastung von 20.000 Fahrzeugen erreicht. In den nachfolgenden Jahren wuchs das Verkehrsaufkommen durch Marketinganstrengungen und Senkung der Mautgebühr zwar an, trotzdem blieb aber auch im Jahr 2000 das Verkehrsaufkommen noch hinter den Planungen zurück. Als Anreize wurden Mengenrabatte, Vorabvergünstigungen für Vorauszahler und Nachlässe in Schwachlastzeiten eingeführt. Trotz der geringer als erwartet ausgefallenen Einnahmen aus dem Mautaufkommen kann das Projekt auf Grund der erzielten Kosteneinsparungen als Erfolg bezeichnet werden und überschritt bereits 1997 die Gewinnschwelle.[130]

[130] Vgl. ebd., S. 93 ff.

Möglichkeiten der Übertragung auf Deutschland

Die Erfahrungen bei der Privatisierung von öffentlichen Aufgaben wurden in Großbritannien in einer breit angelegten Studie des National Audit Office (NAO) untersucht. Dabei wurden aus über 400 Projekten, bei denen die Private Finance Initiative bis Ende 2001 realisiert wurde[131], insgesamt 121 Projekte analysiert. Ein Ergebnis war, dass 81 % der Behörden meinten, Vorteile erzielt zu haben, 15 % der Behörden gaben an, nur knapp besser gestellt zu sein und 4 % der Behörden gaben an, keine Vorteile erfahren zu haben. Zum Zeitpunkt der Vergabe waren 86 % der Behörden sicher, Vorteile zu erzielen, 14 % der Behörden waren der Auffassung, etwas besser gestellt zu sein und keine Behörde meinte schlechter abzuschneiden.

Weitere Ergebnisse der Studie waren, dass sich die Vorteile von Betreibermodellen nicht automatisch einstellen, sondern erarbeitet werden müssen. Dabei sind ein gutes Projektmanagement und eine gute Zusammenarbeit mit dem Betreiber notwendig. Außerdem müssen die Behörden den Anforderungen der späteren Nutzer bei Betreibermodellen mehr Aufmerksamkeit schenken.

In Großbritannien waren 72 % der Behörden und 80 % der Betreiberunternehmen der Auffassung, gute Geschäftsbeziehungen zu pflegen. Nur sehr wenige, das heißt 1 % der Behörden und 4 % der Betreiber, gaben an, mit schlechten Geschäftsbeziehungen konfrontiert zu sein.

45 % der Behörden und 35 % der Betreiber haben die Erfahrung gemacht, dass sich ihre Geschäftsbeziehungen nach der Vergabe verbessert haben. Im Gegensatz dazu waren es nur 18 % der Behörden und 11 % der Betreiber, die eine Verschlechterung ihrer Geschäftsbeziehungen verspürten. Der Erfolg von Betreibermodellen kann also durch ein aktives Beziehungsmanagement zwischen den Projektbeteiligten positiv beeinflusst werden.

Obwohl sich die meisten Betreiberprojekte in Großbritannien noch in einem frühen Stadium befinden, sind Änderungen ein bedeutendes Thema. Bei 55 % der Projekte, bei denen Änderungsmodalitäten im Vertrag enthalten waren, wurden Änderungen bzw. Anpassungen vorgenommen. Dabei handelte es sich um Änderungen hinsichtlich Leistungsanforderungen, die Einführung zusätzlicher Leistungen, zusätzliche Bauleistungen oder Planungsänderungen und Ergänzungen zu den Modalitäten der Leistungserfassung. Dies lässt den Schluss zu, dass mithilfe flexibler Vertragsgestaltungen die Basis für einen erfolgreichen Verlauf der Projekte gelegt werden kann.

[131] National Audit Office: Managing the relationship to secure a successful partnership in PFI projects. Report by the Comptroller and Auditor General, London, HC 375, Session 2001-2002, 29th November 2001.

Bei den untersuchten Projekten musste der NAO eine hohe Fluktuation des Personals der öffentlichen Hand feststellen. Mitarbeiter, die Erfahrungen bei der Umsetzung eines Betreibermodells gesammelt hatten, wurden zu anderen Projekten abberufen oder wechselten in die Privatwirtschaft. Hierbei liegt die Vermutung nahe, dass durch die privatwirtschaftliche Realisierung auch neue Aufgabenfelder für die öffentlichen Bediensteten entstanden sind.

Eine Übertragbarkeit der Projekterfahrungen aus dem europäischen Ausland auf Deutschland ist schon auf Grund der Verschiedenartigkeit der rechtlichen Rahmenbedingungen nicht ohne weiteres möglich. Festzuhalten bleibt aber, dass durch die privatwirtschaftliche Realisierung erhebliche Verbesserungen auch hinsichtlich der Beziehungen zwischen der öffentlichen Hand und der Privatwirtschaft erzielbar sind.

Situation von Privatisierungsvorhaben und -modellen in Deutschland

Während in anderen europäischen Ländern wie Großbritannien, den Niederlanden oder Frankreich eine Vielzahl von Projekten bereits privatwirtschaftlich realisiert werden, gibt es in Deutschland insbesondere im Hochbau bisher nur wenige Maßnahmen. Dazu zählen einige Mietkauf- oder Leasingmodelle im Hochschulbau oder im Verwaltungsbau. Zu den ersten Hochbaumaßnahmen, die von einer Kooperation mittelständischer Bauunternehmen als Mietkaufmodell durchgeführt wurden, gehörte Mitte der 80er Jahre die Finanzierung, schlüsselfertige Errichtung und der bauliche Betrieb des Finanzamtes Wolfenbüttel. Das Projekt Rathaus Nettetal, welches Mitte der 90er Jahre verwirklicht wurde, war eine weitere Maßnahme. Weitere Projekte unter Beteiligung mittelständischer Bauunternehmen waren z.B. das Kreishaus Hildesheim, Kindergärten in Dissen und der Gemeinde Eitorf oder die Parkgarage in Konstanz.

Im Tiefbau gab es die ersten Privatisierungsansätze beim Bau von Kläranlagen. Der Gedanke, ganzheitliche Ausschreibungsverfahren mit dem Ziel, eine integrierte Dienstleistung (Planung, Bau, Finanzierung, Betrieb) in Auftrag zu geben, entstand im Rahmen eines Pilotprojektes zum Niedersächsischen Betreibermodell (BOOT) und wurde 1985 in Algermissen abgeschlossen. Es folgte mit der Kläranlage Wedemark das erste Betreibermodell inklusive der Kanalisation. Das erste Abwasser-Kooperationsmodell wurde 1990 in Sittensen verwirklicht. Insgesamt sind im Bereich der Abwasserprivatisierung inzwischen mehr als 100 Projekte verwirklicht worden. Bei den Verkehrsprojekten wären die Warnow- und die Trave-Querung (Herrentunnel) in Lübeck oder der Seeflughafen Cuxhaven/Nordholz zu nennen.

Betreibermodell – Kläranlage Bad Wörishofen[132]

Anforderungen und Eigenschaften der baulichen Anlage

Um die gesetzlichen Anforderungen an gereinigtes Abwasser zu erfüllen, musste die Stadt Bad Wörishofen bis Ende 1996 ihre Anlagen zur Abwasserbehandlung erheblich verbessern. Statt einer Sanierung der alten, völlig überlasteten und nur 400 Meter vom Ortsrand des Kurorts entfernten Kläranlage wurde aus Wirtschaftlichkeitsgründen ein Neubau für 43.000 Einwohnerwerte (EW) vorgesehen. Der im Auftrag der Stadt von einem Ingenieurbüro gefertigte erste Bauentwurf vom November 1992 veranschlagte Baukosten von 25,46 Mio. EUR. Das Ergebnis einer Überprüfung der Dimensionierungsansätze sowie der Ausstattung der Kläranlage in einem zweiten Bauentwurf vom Juli 1993 brachte eine Reduzierung der Kosten auf 22,09 Mio. EUR. Durch eine privatwirtschaftliche Lösung in Form eines Betreibermodells wurden weitere Kosteneinsparungen erwartet.

Ausschreibungsverfahren, Vergabe

Der EU-weit ausgeschriebene Teilnahmewettbewerb sah die schlüsselfertige Lieferung der Kläranlage entsprechend dem Hauptentwurf vor. Dabei waren Nebenangebote ausdrücklich erwünscht. Die Angebote sollten zum einen die Erstellung der schlüsselfertigen Kläranlage einschließlich der Zwischenfinanzierung bis zur Abnahme für den Eigenbetrieb durch die Stadt und zum anderen – allerdings optional – eine Kostenkalkulation der Anlage im Rahmen einer privaten Betreiberlösung für zehn Jahre enthalten. Auf die im EU-Amtsblatt veröffentlichte Ausschreibung (Bauvorhaben > 5 Mio. EUR) bewarben sich 27 Firmen, unter ihnen auch je eine aus Dänemark, Italien und den Niederlanden. Zur Angebotsabgabe aufgefordert wurden acht deutsche Firmen, die dänische und die niederländische Firma. Die von der Stadt erstellten Ausschreibungsunterlagen bestanden aus dem Hauptentwurf, den vorgesehenen vertraglichen Regelungen für eine Betreiberlösung, diversen technischen Anforderungen sowie Listen, in die der jeweilige Bieter die Kostengliederung der Investition, die verfahrenstechnische Ausstattung und die Abwasserpreise einzutragen hatte. Tatsächlich eingereicht wurden letztlich Angebote von sechs deutschen Firmen bzw. Bietergemeinschaften.

Insgesamt wurden 22 prüffähige Haupt- und Nebenangebote eingereicht. Alle sechs Bieter hatten auch ein Betreibermodell ausgearbeitet. Zur Angebotswertung und Vorbereitung der

---

[132] Hauptquellen: Bienstock, Klaus: Kläranlage zum Nulltarif – Erfahrungsbericht und Empfehlungen für die Privatisierung. Bad Wörishofen, 1995 und Bayerisches Landesamt für Wasserwirtschaft (Hrsg.): Betreibermodelle für die öffentliche Abwasserentsorgung in Bayern: Besser ? preiswerter?. München, Stand Januar 1998.

Vergabe wurde vom Stadtrat ein Fachgremium gebildet, das für die folgenden Aufgabenbereiche Expertenbüros einschaltete:

- technische Wertung der Angebote, Preisspiegel und Vergabevorschlag
- betriebswirtschaftlicher Kostenvergleich zwischen der Betreiberlösung und einer von der Kommune errichteten und betriebenen Anlage
- Vertragsgestaltung zwischen Kommune und Betreibergesellschaft.

Die Kosten für die von diesen Expertenbüros zu erbringenden Leistungen lagen in einer Größenordnung von etwa 100 Tsd. EUR. Zur Bewertung der Angebote wurde eine Kosten-Nutzen-Analyse durchgeführt, wobei zunächst die drei Hauptbereiche Abwasserbehandlung, Schlammbehandlung und Verschiedenes gebildet wurden. Innerhalb dieser Hauptbereiche wurden dann die Anlagenteile, die technische Ausrüstung usw. entsprechend ihrer jeweiligen Bedeutung für den Kläranlagenbetrieb mit einem Faktor zwischen 1 und 8 gewichtet. Die einzelnen Elemente schließlich wurden bei der Angebotsprüfung mit 1 bis 5 Punkten bewertet, wobei die Bewertung nach dem Prinzip erfolgte „besser oder schlechter als die entsprechenden Anlagenteile des Hauptentwurfs" (mit 3 Punkten bewertet).

Das Ergebnis war, dass zwei der Sondervorschläge technisch-qualitativ etwas besser waren als der Hauptentwurf. Das mit 13,8 Mio. EUR kostengünstigste Angebot der Firma Glass GmbH für den kommunalen Eigenbetrieb erwies sich zugleich auf Grund der Nutzwertanalyse als die konzeptionell beste Lösung. Darüber hinaus kalkulierte dieser Bieter für dieselbe Anlage im Betreibermodell nur 12,94 Mio. EUR als den Finanzierungsanteil, der in das künftige vertraglich festgelegte Betreiberentgelt einzurechnen war. Das Betreiberentgelt wurde mit 1,02 EUR/m³ kalkuliert. Später hat der zum Zuge gekommene Bieter seinen ursprünglichen Nebenangebotsentwurf im eigenen Interesse noch weiter verbessert, um die Betriebsführung zu erleichtern. Dies hätte auf der Preisbasis seines Angebots rund 1,53 Mio. EUR zusätzlich gekostet. Wegen der bereits abgeschlossenen Verträge – einschließlich des festen Betreiberentgelts – hatte diese Kostenmehrung jedoch keine finanziellen Auswirkungen für die Stadt. Im April 1994 wurde die Bauunternehmung Glass GmbH als der kostengünstigste Bieter mit dem Bau einer schlüsselfertigen Kläranlage einschließlich Zwischenfinanzierung bis zur Betriebsbereitschaft beauftragt. Gleichzeitig wurde optional vereinbart, dass die Firma auch die Betriebsführung auf der Grundlage der vorbereiteten Verträge übernimmt, sobald die Stadt durch einen Nachweis der Wirtschaftlichkeit dieser Betreiberlösung die Zustimmung der Kommunalaufsicht erreicht hat.

Nachdem ein weiterer Gutachter die Wirtschaftlichkeit des Modells im Vergleich zum kommunalen Betrieb bestätigt hatte, wurde der Betreibervertrag im November 1994 abgeschlossen. Bis dahin gab es noch verschiedene Änderungen am Vertragswerk. Es bestand im Wesentlichen aus den fünf Teilen Bauvertrag, Betreibervertrag auf zehn Jahre mit Verlängerungsoption um jeweils fünf Jahre, Erbbaurechtsvertrag, Personalgestellungsvertrag und Schiedsvertrag. Das zur Regelung der Beziehungen vorgesehene Vertragswerk war als klare und eindeutige Vorgabe ein fester Bestandteil des Leistungsprogramms. Dazu gehörten umfassende Preisanpassungsregeln ohne Interpretationsspielräume für die Berechnung des Betreiberentgelts infolge von Veränderungen der Eckdaten sowie bei künftig neuen gesetzlichen und behördlichen Regelungen. Parallel zur Ausführungsplanung wurde die Genehmigungsplanung durch das Ingenieurbüro des beauftragten Unternehmens ohne nennenswerte Probleme betrieben.

Optimierung, Rationalisierung und Effizienzsteigerung

Nach Baubeginn im August 1994 zeigte sich, dass der private Unternehmer in eigener Verantwortung zügiger arbeiten konnte als bei üblichen kommunalen Bauvorhaben. Obwohl die Fertigstellung der Kläranlage vertraglich erst für Juni 1996 vereinbart war, konnten der Probebetrieb der Abwasserreinigung bereits im November 1995 und der reguläre Klärbetrieb im Januar 1996 aufgenommen werden. Die offizielle Einweihung fand am 27. September 1996 statt. Wesentliche Anreize für eine kurze Bauzeit waren die Minimierung der Kosten für die Zwischenfinanzierung und ein möglichst rascher Beginn der Refinanzierung ab Inbetriebnahme. Bauverzögerungen durch Planungsänderungen oder Schlechtwetter glich der Unternehmer durch erhöhten Personal- und Geräteaufwand aus. Allen Ausrüsterfirmen gab der private Unternehmer außerordentlich knappe Termine für ihre Lieferungen und Leistungen vor, die von diesen eingehalten wurden. Der Betreiber konnte daher bereits ab Januar 1996 seine Dienstleistung erbringen und vertragsgemäß das Betreiberentgelt von der Stadt kassieren.

Bewertung

Der Unternehmer und künftige Klärwerksbetreiber hatte schon während der Ausführungsphase besonderen Wert auf die gesamtwirtschaftlichen Aspekte gelegt und nach Meinung aller Beteiligten hochwertige Anlagen geschaffen. Die zu behandelnde Abwassermenge wurde mit 1,45 Mio. m^3/Jahr prognostiziert, ist jedoch aus verschiedenen Gründen, u.a. wegen der noch nicht sanierten Regenwasserbehandlung, bereits im ersten Betriebsjahr mit 2,3 Mio. m^3/Jahr deutlich höher ausgefallen. Auch die zu reinigende Schmutzfracht zeigte sich zu Beginn etwas höher als erwartet. Dadurch hat das Klärwerk von Anfang an einen hohen Auslastungsgrad und für den Betreiber damit eine gute Rentabilität erreicht.[133]

Privatwirtschaftliche Realisierung des Herrentunnels bei Lübeck[134]

Anforderungen und Eigenschaften der baulichen Anlage

Der Herrentunnel ist nach der Warnowquerung in Rostock das zweite Projekt, welches in Deutschland nach dem FStrPrivFinG vergeben wurde. Er soll die derzeit bestehende Herrenbrücke ersetzen. Die Herrenbrücke wurde als Klappbrücke konzipiert, da ihre Durchfahrtshöhe nicht für alle Schiffspassagen ausreichend ist. Dies führt bei Öffnungen der Brücke zu großen Verkehrsbelastungen auf der stark frequentierten B 104.

Es ist laut Verwaltungsvereinbarung vorgesehen, dass die Hansestadt Lübeck im Bereich der Anschlüsse und der Querung des Tunnels Trägerin der Straßenbaulast wird und der Bund einen finanziellen Beitrag in Höhe der Kosten, die eine Erneuerung der bestehenden Klappbrücke verursachen würde, leistet. Weiterhin soll der Bund bis zur Inbetriebnahme des Herrentunnels im Jahr 2005 für die Erhaltung und Standsicherheit der existierenden Herrenbrücke einstehen.

Ausschreibungsverfahren, Vergabe

Die Ausschreibung erfolgte auf der Grundlage des FStrPrivFinG im Rahmen eines Ideenwettbewerbes. Der Wettbewerb um die „Vergabe einer Baukonzession gemäß §§ 32, 32 a VOB/B für die Ersetzung der Herrenbrücke Lübeck" wurde von der Hansestadt Lübeck entsprechend der Vergaberichtlinien der EU im Rahmen einer beschränkten Ausschreibung mit vorhergehendem öffentlichen Teilnahmewettbewerb als Ideenwettbewerb durchgeführt. Die Ausschreibungsunterlagen enthielten eine Matrix mit den Hauptkriterien technische Lösung Umweltverträglichkeit, Finanzierungskonzept, Maut, Wirtschaftlichkeit und Betriebskonzept, die sowohl für die Eigenbewertung durch die Bieter selbst als auch für die spätere Angebotsbewertung eine Rolle spielten. Die Reihenfolge der sechs Hauptgruppen mit insgesamt 35 Teilaspekten spiegelte gleichzeitig deren Gewichtung wider.

[133] Ebd.
[134] Jacob/Kochendörfer et.al., Effizienzgewinne (2002), a.a.O., S. 85 ff.

Hinsichtlich des Finanzierungs- und Mautkonzeptes gab es im Wesentlichen fünf entscheidende Vorgaben. Hierzu zählten:

- der nach Ende der 30jährigen Konzessionsdauer unentgeltliche Transfer des Bauwerks an die Stadt Lübeck,
- die Berücksichtigung einer Entschädigungssumme von 102 Tsd. EUR je unterlegenem Bieter bei der Berechnung der Mauthöhe,
- die kostenlose Nutzung des Bauwerks durch den öffentlichen Nahverkehr,
- eine Lösung für Radfahrer und Fußgänger zur Überquerung der Trave und
- die Erstattung der Vorleistungen der Hansestadt Lübeck (0,51 Mio. EUR).

Als Anschubfinanzierung wurden die von der Hansestadt Lübeck und dem Bund vereinbarten indexierten 89,45 Mio. EUR zur Verfügung gestellt. Weitere Zuschüsse, Sicherheiten, Bürgschaften oder Soft-Loans seitens der öffentlichen Hand waren nicht vorgesehen. Eine Eigen- und Fremdkapitalquote wurde nicht vorgegeben.

Im März 1998 reichten vier der sechs präqualifizierten Bietergruppen ihre Angebote ein. Ende August wurde dem Bauausschuss ein Katalog mit den untersuchten und bewerteten Angeboten zur Entscheidung vorgelegt. Obwohl andere Lösungen kostengünstiger waren, entschied man sich auf Grund der geringfügigen Beeinträchtigungen für Umwelt und Schiffsverkehr für den favorisierten Schildvortrieb. Als annehmbarstes Angebot wurde das der „Entwicklungsgemeinschaft Travequerung“ mit den Konsortionalplanern Hochtief Projektentwicklung GmbH und Bilfinger Berger BOT GmbH ausgewählt (Oktober 1998).

Nach knapp viermonatigen Verhandlungen unterzeichneten Anfang März 1999 die Hansestadt Lübeck und die Konzessionärin, die Projektgesellschaft Herrentunnel Lübeck GmbH & Co. KG, den ausgehandelten Konzessionsvertrag. Wesentliche Verhandlungsgegenstände waren die technische Beschreibung des zukünftigen Bauwerks und dessen Zustand zum Zeitpunkt des Transfers an die Hansestadt Lübeck nach Ende der Konzessionsdauer im Jahre 2035 (5 Jahre Bauzeit + 30 Jahre Betriebsphase), die Struktur der Projektgesellschaft, die Risikoverteilung, die Mautverordnung, Kündigungsrechte, Mautberechnungsverfahren, Kontrollrechte der Hansestadt Lübeck während Planung, Bau und Betrieb sowie der Terminplan.

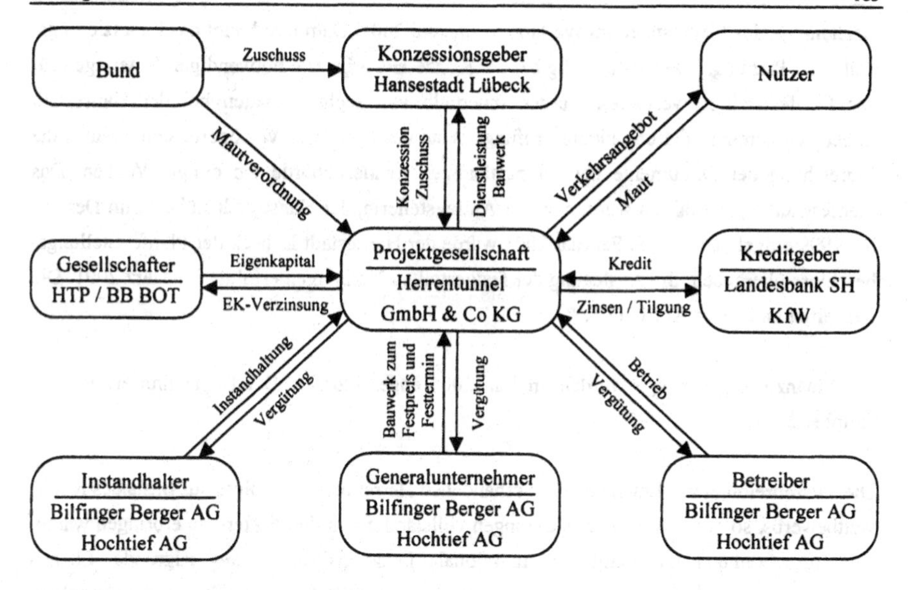

Abbildung 8: Projektstruktur des Herrentunnels

Optimierung, Rationalisierung und Effizienzsteigerung

Die Projektgesellschaft Herrentunnel Lübeck GmbH & Co. KG wurde als Nachfolgerin der Entwicklungsgemeinschaft Travequerung mit Sitz in Lübeck gegründet und ist als Konzessionärin für Planung, Bau, Finanzierung, Betrieb und Erhaltung des Herrentunnels über die gesamte Konzessionsdauer verantwortlich.

Die Finanzierung gestaltet sich folgendermaßen:

- Investitionsvolumen[135] 161,57 Mio. EUR
- Zuschuss Bund 87,94 Mio. EUR
- Eigenkapital je 50 % der Gesellschafter 18,41 Mio. EUR
- Bankkredite 55,22 Mio. EUR.

Das Finanzierungskonsortium setzt sich aus der Landesbank Schleswig-Holstein (Girozentrale, Kiel) und der Kreditanstalt für Wiederaufbau zusammen, die sich nach der Zuschlagserteilung am Finanzierungspaket beteiligte. Das Financial Close erfolgte nach erfolgreicher

[135]Da das Projekt noch nicht abgeschlossen ist, handelt es sich bei diesen Daten um Planzahlen.

Beendigung des Planfeststellungsverfahrens im Juni 2001. Damit verbleibt das Finanzierungsrisiko der Planungsphase vollständig bei der Konzessionärin. Die notwendigen Unterlagen für das Planfeststellungsverfahren wurden innerhalb von sechs Monaten bei der Hansestadt Lübeck eingereicht. Durch unklare Prüfungsrechte und -pflichten verzögerte sich anfangs die Einreichung der Dokumente bei der zuständigen Landesbehörde um einige Wochen. Das Planfeststellungsverfahren wurde von der Antragstellerin, der Hansestadt Lübeck, im Dezember 1999 eingeleitet. Am 9. Februar 2001 wurde der Hansestadt Lübeck der Planfeststellungsbeschluss übergeben, die Auslegung der festgestellten Unterlagen erfolgte im März 2001. Die Klagefrist endete im April 2001.[136]

Die Finanzierungsverträge wurden im Juni 2001 abgeschlossen. Der Baubeginn erfolgte im Oktober 2001.[137]

Die Ausschreibung zur Ersetzung der vorhandenen Herrenbrücke erfolgte auf Basis des Ideenwettbewerbs, so dass die Planungsleistungen vollständig von den Bietern zu erbringen waren. Der Ausschreibung lag somit eine funktionale Leistungsbeschreibung zugrunde. Ebenso waren den Bietern lediglich ein Planungskorridor, innerhalb dessen die Travequerung gebaut werden musste, einige Rahmendaten bezüglich des Schiffverkehrs und weitere zu berücksichtigende Rahmendaten vorgegeben, so dass die Art der Querung und die Bauweise frei wählbar waren. Damit konnten das private Management-Know-how vollständig eingebracht und der nötige Freiraum für Innovationen geschaffen werden.

Die Zeitoptimierung scheint bei diesem Projekt bis zur Erlangung des Planfeststellungsbeschlusses sehr hoch zu sein. Die Ausschreibungs- und Verhandlungsphase betrug zwei Jahre (Präqualifikation bis Unterzeichnung Konzessionsvertrag), die Erstellung der Planfeststellungsunterlagen sechs Monate, das Planfeststellungsverfahren wurde nach 14 Monaten (16 Monate bis zur Bestandskraft) abgeschlossen. Im Vergleich zur durchschnittlichen Dauer des Planfeststellungsverfahrens (Planfeststellung bis zur Rechtskraft[138]) von fünf bis zehn Jahren hat die Hansestadt Lübeck hier deutliche Zeiteinsparungen erzielen können.

[136] Vgl. Arndt, J.: Betreibermodell Herrentunnel Lübeck aus der Sicht des Konzessionärs, Vortragsunterlagen zum 1. Betriebswirtschaftlichen Symposium-Bau in Weimar 2001.

[137] Herrentunnel Lübeck GmbH & Co. KG, 2001.

[138] Die angegebenen Zahlenwerte stellen Mindest- und Höchstwert dar, wobei der Mindestzeitbedarf eingehalten werden sollte, wenn kaum Alternativen vorliegen, alle Beteiligte dem Entwurf zustimmen und keine Klagen erhoben werden.

Bewertung

Die Verteilung der elementaren Projektrisiken erfolgte weitestgehend nach den Vorgaben des Bundesverkehrsministeriums. So übernimmt die Projektgesellschaft das Fertigstellungsrisiko und damit sämtliche Baurisiken, die wirtschaftlichen Risiken, die Finanzierungsrisiken sowie die Risiken aus Unterhaltung und Betrieb des Tunnels. Neben dem Zuschuss des Bundes werden seitens der öffentlichen Hand keine weiteren Subventionen, Garantien oder Bürgschaften gewährt.

Hinsichtlich der Risiken aus dem Genehmigungsverfahren und der Bodenrisiken wurde die Projektgesellschaft durch die Einräumung eines Kündigungsrechts und die Berücksichtigung von Mehrkosten im Rahmen der Mautberechnung abgesichert.

Entgegen den elementaren Projektrisiken stellen die globalen Risiken, insbesondere die ungeklärten institutionellen Rahmenbedingungen, den größten Unsicherheitsfaktor dar. Neben der in Bezug auf das Fernstraßen-Privatisierungs- und Finanzierungsgesetz (FStrPrivFinG) vorherrschenden Rechtsunsicherheit spielen die Unklarheiten in der Besteuerung der Gebühren und der öffentlichen Zuschüsse, die Unsicherheiten bei der Abschreibung und beim Erlass der Mautverordnung kurz vor Inbetriebnahme sowie bei den juristischen Auswirkungen bei Erlass der Mautverordnung in Form einer Rechtsverordnung eine Rolle. Im Vergleich zu Großbritannien, wo zahlreiche Gerichtsurteile, abgesicherte Steuer- und Gebührengesetze sowie Erfahrungen vorliegen, stellen die unsicheren institutionellen Rahmenbedingungen und der schwer berechenbare politische Wille in Deutschland erhebliche Hemmnisse für die Etablierung von Betreibermodellen und für den Wettbewerb dar.

Im Hinblick auf die Kostenoptimierung sind bis zum jetzigen Zeitpunkt noch keine abschließenden Aussagen möglich.

Privatwirtschaftliche Realisierung des Rathauses Nettetal[139]

Anforderungen und Eigenschaften der baulichen Anlage

Die Stadt Nettetal, im Rahmen der kommunalen Neugliederung 1970/72 aus drei größeren und mehreren kleinen Gemeinden entstanden, benötigte Anfang der 90er Jahre ein neues Rathaus. Die damalige Finanzsituation der Stadt (51,13 Mio. EUR Verwaltung, 10,23 Mio.

[139] Hauptquelle: Zentralverband des Deutschen Baugewerbes ZDB (Hrsg.): Neue Geschäftsfelder für Hochbauer. Tagungsdokumentation, Bonn, 1998.

EUR Vermögen, Schulden 31,7 Mio. EUR, Unterhaltsbudget 0,77 Mio. EUR für 67 Gebäude) erlaubte keinen selbstfinanzierten Neubau, so dass eine privatwirtschaftliche Lösung für die notwendigen Büroflächen (rund 6.000 qm Nutzfläche) gesucht wurde.

Ausschreibungsverfahren

Auf der Basis der „Richtlinie 72/50 EWG des Rates über die Koordinierung der Verfahren zur Vergabe öffentlicher Dienstleistungsaufträge" wurde von der Stadt eine Ausschreibung erstellt. Die Richtlinie sieht vergleichbar zu den öffentlichen und beschränkten Ausschreibungen der VOB ein offenes und ein nicht offenes Verfahren vor. In Anlehnung an die freihändige Vergabe ist auch ein sogenanntes Verhandlungsverfahren vorgesehen. Letzteres darf dann durchgeführt werden, wenn „nach Durchführung eines offenen oder nicht offenen Verfahrens keine ordnungsgemäßen Angebote oder nur Angebote abgegeben worden sind, die unannehmbar sind (sofern sich die ursprünglichen Auftragsbedingungen nicht grundlegend geändert haben)". Mit diesem Instrument sah die Stadt die Möglichkeit, mit den Bewerbern der Ausschreibung dann eine passende Lösung durch Verhandlung zu erarbeiten, wenn die im Rahmen der Ausschreibungen angebotenen Mietkosten die durch die dezentrale Verwaltung anfallenden Kosten übersteigen. Hierzu hatte man alle aus der dezentralen Verwaltung und der alten Bausubstanz der Gebäude resultierenden Zusatzkosten, wie z.B. zusätzliche Botendienstleistungen, Fahrzeuge, Netzverbindungskosten, Telefonkosten, Ausfallzeiten für Dienstgänge und die Kosten für den Betrieb, der alten Verwaltungsgebäude zusammengefasst.

Gegenstand der Ausschreibung nach dieser Richtlinie waren:

- das Erbbaurecht an dem innerstädtischen Platz-Grundstück über 99 Jahre
- die Verpflichtung, auf diesem Grundstück innerhalb angemessener Frist ein Rathaus nach dem Raumprogramm und der dezidierten Baubeschreibung zu erstellen
- eine monatliche Festmiete mit Indexierung nach Lebenshaltungskostenindex anzubieten, wobei der Heimfall nach frühestens 30 Jahren mit Entschädigung des Gebäuderestwertes an den Investor vorgegeben war
- die Verpflichtung, nach Bezug des Neubaus sieben der acht Altimmobilien zu einem Festpreis, fällig nach Ablauf der Mietzeit (also frühestens nach 30 Jahren), zu übernehmen.

Im Zuge der Überprüfung der Ausschreibung durch die Kommunalaufsicht und durch einen externen Gutachter wurde dann noch ein grundbuchlich abgesichertes Dauernutzungsrecht für die Gemeinde verlangt. Nach einem Teilnehmerwettbewerb, in dem Interessenten die üblicherweise geforderten Nachweise zu Leistungsfähigkeit und Zuverlässigkeit bezogen auf dieses Bauprojekt vorzulegen hatten, wurden rund zehn Bewerber zur Abgabe eines konkreten Angebotes aufgefordert. Bereits im Aufforderungsschreiben wurde deutlich darauf hingewiesen, dass eine Vergabe nur für den Fall in Aussicht gestellt werde, wenn das Ergebnis „wirtschaftlicher als die dezentrale Status-quo-Lösung“ ist.

Im Rahmen eines „Kolloquiums“ hatten alle Bieter Gelegenheit, die zu übernehmenden Altbauten zu besichtigen, den „Reparaturstau“ einzuschätzen und den Sach-/Ertragswert im Hinblick auf mögliche Folgenutzungen zu ermitteln. Dabei stellte sich heraus, dass fünf der sieben Gebäude unter Denkmalschutz stehen.

Der Auslober hatte zwar in den Ausschreibungsunterlagen darauf hingewiesen, dass das Hauptkriterium der Vergabe die Höhe der Mietkosten sei. Von den Bewerbern wurde aber eine „skizzenhafte Darstellung“ des zu errichtenden Rathauses mit Darstellung aller im Raumbuch aufgelisteten Einzelräume für ca. 200 Mitarbeiter mit einer Nutzfläche von rund 6.000 m² gefordert.

Gegenstand der Ausschreibung war auch eine Tiefgarage unter dem Rathausneubau mit rund 200 Stellplätzen als Ersatz für die durch den Neubau wegfallende Parkplatznutzung. Zum vorgegebenen Submissionstermin wurden lediglich zwei weitere Angebote abgegeben. Das Angebot der Bietergemeinschaft Frauenrath, Heinsberg und Schumacher, Wolfenbüttel wies für die geforderte Nutzfläche und die unterirdischen Stellplätze eine Jahresmiete von rund 0,77 Mio. EUR aus. Im Vorausblick auf die offensichtliche Diskrepanz zwischen dem Haushaltsansatz für die Miete und dem Wettbewerbsergebnis war dieses Angebot bereits in einen Mietpreis für das Verwaltungsgebäude und den für das Parkgeschoss gesplittet und deutlich auf weitere erhebliche Einsparungsmöglichkeiten ohne Funktionseinschränkungen hingewiesen worden.

Optimierung, Rationalisierung und Effizienzsteigerung

Der Auslober griff die Anregung der Bietergemeinschaft auf und bat alle Bewerber um konkrete Vorschläge zu Einsparungen und fasste diese dann nach Prüfung durch das Fachamt in einer Liste zusammen. Die Bewerber wurden um ein zweites verbindliches Angebot gebeten. Da die Einsparungen auch das Zusammenlegen von Räumen und Raumfunktionen beinhalteten, war es notwendig, den bei der ersten Submission vorgelegten Entwurf in wesentlichen Teilen zu überarbeiten.

Aber auch die zweite Submission mit deutlichen Mietkostenreduktionen bei allen Bietern brachte aus Sicht der Stadt noch nicht das gewünschte Ergebnis. Die Bieter wurden nochmals gebeten, intensiv nach Möglichkeiten zu suchen, die Mietkosten weiter deutlich zu senken. So wurde neben weiteren technischen Vereinfachungen auch über alternative Finanzierungen, Absicherungen durch Kommunalbürgschaft und die Höhe der von der Stadt zu zahlenden Entschädigung an den Investor bei vorzeitigem Heimfall verhandelt.

Es wurde dann ein dritter Submissionstermin vorgegeben. Ende November 1997 entschied dann der Rat nach rund viermonatigen Verhandlungen zugunsten der Bietergemeinschaft Frauenrath/Schumacher. In dem notariell beglaubigten Vertrag werden nunmehr ein Erbbaurecht für das innerstädtische Grundstück über 99 Jahre, die Übertragung der Altimmobilien, die Bauverpflichtung zur Herstellung des Verwaltungsgebäudes nach dem vorgegebenen überarbeiteten Raumbuch und der Baubeschreibung, der Heimfall sowie die dann fällige Entschädigung und auf Grund des Sicherheitsbedürfnisses der Ratsvertreter ein grundbuchlich abgesichertes Dauernutzungsrecht geregelt.

Da erfahrungsgemäß im weiteren Planungs- und erst recht im Realisierungsprozess (bei Baubegehungen etc.) Änderungsvorschläge und -wünsche sowie Einsparungsmöglichkeiten sichtbar werden, hat der Investor noch vor Auftragserteilung zugesagt, die hieraus möglichen Vorteile an die Stadt weiterzugeben. Es wurde eine sogenannte Plus-/Minus-Liste erstellt, in die die Investitionskosten möglicher Einsparungen wie auch zusätzliche Wünsche zur Ausstattung, Qualität etc. des Nutzers erfasst und saldiert werden. Ziel war, bei Übergabe des Rathauses an die Stadtverwaltung die Liste auf Null auszugleichen, so dass die Stadt dann ein auf ihre Belange und die veranschlagte Miethöhe in Funktion, Ausstattung und technischer Ausrüstung optimiertes Gebäude übernehmen konnte. Hierbei muss noch berücksichtigt werden, dass durch die vertraglich fixierte Verpflichtung zur Unterhaltung durch den Investor dieser aus betriebswirtschaftlichen Gründen gehalten war, bei der Entscheidung zu den Qualitäten die Folgekosten mit zu berücksichtigen.

Bewertung

Bei dem in Nettetal praktizierten Verfahren spielten betriebswirtschaftliche Gesichtspunkte von Anfang an eine ganz wesentliche Rolle. Erfahrungsgemäß werden die Kosten eines Bauwerks durch das Programm und die Planung und nur noch bedingt im Zuge der Ausführung bestimmt. Durch das hier praktizierte Verhandlungsverfahren konnte die Stadt sicherstellen, dass bei der Planung bereits Wettbewerbsaspekte eine wesentliche Rolle spielten. Dadurch, dass in der mehrstufigen Verhandlung mit allen Bietern auch die Programm- und die Qualitätsvorgaben infrage gestellt wurden, konnten weitere bedeutende Kostenreduktionen und Effizienzvorteile erzielt werden. Gerade bei Gebäuden, die von politischen Gremien genutzt werden, verursachen nachträgliche Sonderwünsche einzelner Nutzer häufig erhebliche zusätzliche Kosten, da die Verantwortlichen der Bauverwaltungen nur bedingt Vetorechte haben und Abhängigkeiten vom Nutzer bestehen. Das hier praktizierte Verfahren verhinderte eine derartige „schleichende Programmverbesserung". Der Aufwand für die Bieter mit sechs Vorstellungsrunden, drei Submissionen, drei Vorentwürfen und etlichen Überarbeitungen der Bau-, Finanzierungs- und Betreiberkosten war allerdings sehr hoch und wurde offensichtlich nur in Kauf genommen, da es sich um ein Modellprojekt handelte.

Literaturverzeichnis

Architekturbüro Horst Haag (Stuttgart), www.architekt-haag.de/info3.html, 23.02.2003 und www.architekt-haag.de/info4.html, 23.02.2003

Arndt, J., Betreibermodell Herrentunnel Lübeck aus der Sicht des Konzessionärs, Vortragsunterlagen zum 1. Betriebswirtschaftlichen Symposium-Bau in Weimar 2001

Arntz, Thomas; Schultz, Florian: Bilanzielle und steuerliche Überlegungen zu Asset-Backed Securities. In: Die Bank, Heft 11, o. Jg., 1998, S. 694-697

Bankgesellschaft Berlin: Public Private Partnership – Perspektiven im europäischen Markt. Berlin, 2001

Baumann, M.; Heinen, E.; Holzbach, W.: Entwicklung innovativer Dienstleistungen im Handwerk. Hrsg: Deutsches Handwerksinstitut, Institut für Technik der Betriebsführung (Karlsruhe), Quelle: www.itb.de/projekt/dl2000/pdf/DL-Inno.pdf, 24.02.2003

Bayerisches Landesamt für Wasserwirtschaft (Hrsg.): Betreibermodelle für die öffentliche Abwasserentsorgung in Bayern: Besser? Preiswerter?. Müchnen, Stand Januar 1998

Betsch, Oskar; Groh, Alexander P.; Lohmann, Lutz G. E.: Corporate Finance – Unternehmensbewertung, M & A und innovative Kapitalmarktfinanzierung. Verlag Vahlen, München, 1998

Bienstock, Klaus: Kläranlagen zum Nulltarif – Erfahrungsbericht und Empfehlungen für die Privatisierung. Bad Wörishofen, 1995

Bösch, Peter: Baustreitigkeiten und Mediaton [1]. In: PBG aktuell, 2/1998, Internetdokument, www.bb-nomos.ch/pbg.htm, 18.12.2002

Budäus, Dietrich; Grünning, Gernod: Public Private Partnership – Konzeption und Probleme eines Instruments zur Verwaltungsreform aus Sicht der Public Choice Theorie. Hamburg, 1996

Bundesministerium für Raumordnung, Bauwesen und Städtebau: Kostensenkung und Verringerung von Vorschriften im Wohnungsbau. Bericht der Kommission, Bonn, 1994

Bundesministerium für Verkehr, Bau- und Wohnungswesen: Betreibermodelle für die Bundesfernstraßen. Pressemitteilung, www.bmvbw.de/Pressemitteilungen-.361.6982/.htm, Berlin, 23.02.2003

Bundesministerium für Verkehr, Bau- und Wohnungswesen (Hrsg.): Straßenbaubericht 2001. Berlin

Bundesministerium für Verkehr, Bau- und Wohnungswesen, Pressemitteilung bezüglich der Schließung von Autobahnmeistereien, Berlin, 3. Februar 1999

Bundesfachverband öffentliche Bäder e.V. (Essen) (Hrsg.): Erzgebirgsbad Thalheim. Sonderdruck – A.B. Archiv des Badewesens, Fachzeitschrift für Praxis, Technik, Wissenschaft und Betriebswirtschaft, Heft 3, 1997

Burchhardt, Hans-Peter: Die Arbeitsgemeinschaft (ARGE). In: Jacob, Dieter; Ring, Gerhard; Wolf, Rainer (Hrsg.): Freiberger Handbuch zum Baurecht, Deutscher Anwaltverlag/Ernst & Sohn, Bonn/Berlin, 2001, § 10, S. 857-876

Christen, Jörg: Die Terminologie von PPP/PFI. In: Deutsches Architektenblatt, Ausgabe 9/02, Seite 15, Forum-Verlag, Stuttgart, 2002

Constrata Ingenieurgesellschaft mbH (Bielefeld), Projektbeschreibungen: www.constrata.com/frameset/constrata.htm, 27.02.2003

Deutscher Städte- und Gemeindebund: Rechtssicherheit im europäischen Beihilferecht erforderlich. Pressemeldung, Berlin, 27. März 2001

Eschenbach, Rolf; Kunesch, Hermann: Strategische Konzepte – Management-Ansätze von Ansoff bis Ulrich. Schäffer-Poeschel, Stuttgart, 1993

Fischer, Jochen: Zeitwettbewerb – Grundlagen, strategische Ausrichtung und ökonomische Bewertung zeitbasierter Wettbewerbsstrategien. München, 2001

Greve, Rolf: Kooperation und Genossenschaft – Organisationsstruktur in kooperativen Netzwerken. Aufsatz (Typoscript, 32 Seiten), (Institut für Genossenschaftswesen der Westfälischen Wilhelms Universität Münster), (2001-2002)

Grüning/Steenbock: Public Private Partnership in der Bauwirtschaft. Cenes Data GmbH, Berlin, 2000

Handwerkskammer Hamburg (Hrsg.): Kostensparendes Bauen durch Kooperation. Dokumentation der Tagung vom 21. Januar 2000, Hamburg, Juli 2000

Hauptverband der Deutschen Bauindustrie (Hrsg.): Der Zukunft Wege bauen. Berlin, 1999

Hauptverband der Deutschen Bauindustrie (Hrsg.): Infrastruktur-Lebensadern für Deutschland. Memorandum, Die deutsche Bauindustrie, Berlin, September 2000

Hayek, Friedrich A. von: Der Wettbewerb als Entdeckungsverfahren. In: Freiburger Studien, Tübingen, 1969, S. 249-265

Heichel, Holger: Efficiency gains through value management in PFI-projects. Diplomarbeit am Lehrstuhl für ABWL, speziell Baubetriebslehre der TU Bergakademie Freiberg, 2001

Heinecke, Bastian: Involvement of Small and Medium Sized Enterprises in the Private Realisation of Public Buildings. Technische Universität Bergakademie Freiberg, Freiberger Arbeitspapiere, Nr. 09, 2002

Heinz, Werner. (Hrsg): Public Private Partnership ein neuer Weg zur Stadtentwicklung. Stuttgart, 1993

Hinterhuber, Hans H.; Stuhec, Ulrich: Kernkompetenzen und strategisches In-/Outsourcing. In: Zeitschrift für Betriebswirtschaft, Ergänzungsheft 1, 67. Jg., 1997, S. 1-20

Holldorb, C.: Leistungsheft für die betriebliche Straßenunterhaltung. Straßenverkehrstechnik 2/2000, Hrsg.: Forschungsgesellschaft für Straßen- und Verkehrswesen e.V., Köln

Horváth, Péter: Wirtschaftlichkeit. In: Busse von Colbe, Walther; Pellens, Bernhard: Lexikon des Rechnungswesens – Handbuch der Bilanzierung und Prüfung, der Erlös- Finanz-, Investitions- und Kostenrechnung, Oldenbourg Verlag, München, 1998, S. 752 ff.

Jacob, Dieter; Heinzelmann, Siegfried; Klinke, Dirk Andreas: Besteuerung und Rechnungslegung von Bauunternehmen und baunahen Dienstleistern. In: Jacob, Dieter; Ring, Gerhard; Wolf, Rainer (Hrsg.): Freiberger Handbuch zum Baurecht, Deutscher Anwaltverlag/Ernst & Sohn, Bonn/Berlin, 2001, § 15, S. 1083-1191

Jacob, Dieter; Kochendörfer, Bernd: Private Finanzierung öffentlicher Bauinvestitionen – ein EU-Vergleich. Ernst & Sohn, Berlin, 2000

Jacob, Dieter; Kochendörfer, Bernd et al.: Effizienzgewinne bei privatwirtschaftlicher Realisierung von Infrastrukturvorhaben. Bundesanzeiger-Verlag, Köln, 2002

Jacob, Dieter; Ring, Gerhard; Wolf, Rainer (Hrsg.): Freiberger Handbuch zum Baurecht, Deutscher Anwaltverlag/Ernst & Sohn, Bonn/Berlin, 2001

Jacob, Dieter; Winter, Christoph; Stuhr, Constanze: Kalkulationsformen im Ingenieurbau. Ernst & Sohn, Berlin, 2002

Joosten, Rik: Promoter Organisations. In: Merna, Anthony; Smith, Nigel J.: Projects procured by privately financed concession contracts, Band 1, 2. Aufl., Hong Kong, Asia Law & Practice Ltd., 1996, S. 59-74

Kittner, Michael: Kommentierung zu § 99 BetrVG, Betriebsverfassungsgesetz, Kommentar für die Praxis. Hrsg.: Däubler, Wolfgang; Kittner, Michael; Klebe, Thomas, 6. Aufl., Frankfurt a.M., 1998

Knipp, Bernd: Planung und Ausführung aus einer Hand? In: Industriebau, 3/1998

Knoll, Eberhard (Hrsg.): Der Elsner 2001 – Handbuch für Straßen- und Verkehrswesen. 55. Aufl., Otto Elsner Verlagsgesellschaft, Dieburg

Knoll, Eberhard (Hrsg.): Der Elsner 2002 – Handbuch für Straßen- und Verkehrswesen. 56. Aufl., Otto Elsner Verlagsgesellschaft, Dieburg,

Kodal, Kurt; Krämer, Helmut: Straßenrecht. 5. Aufl., Verlag C.H. Beck, München, 1995

Kruzewicz, Michael; Schuchardt, Wilgert: Public-Private Partnership – neue Formen lokaler Kooperationen in industrialisierten Verdichtungsräumen. In: Der Städtetag, 12/1989, S. 761-766

Kunze, Torsten (Hessisches Ministerium der Justiz): Ergebnisse der Arbeitsgruppe – Modellprojekte zur Privatisierung im Strafvollzug. Vortrag im Rahmen des 1. European Infrastructure Congress, Frankfurt a.M., 24.01.2001

Lacasse, Wall: PPP in infrastructure provision – main issues and conclusion. In OECD (Hrsg.): New ways of managing infrastructure provision, S. 7-25

Lange, Kay: Rollenverteilung am Bau. In: Immobilien Manager, 6/2000

o.V.: Bäderplan bis 2006 steht. In: Märkische Allgemeine, 14.09.2000, S. 7

o.V.: Städte steuern auf Rekorddefizit zu. In: Handelsblatt, 28.01.2003

o.V.: Zum Sonderstatus des Strafgefangenen BverfG. In: NJW (Neue Juristische Wochenschrift), 1994, 1401 ff.

Picot, Arnold; Dietl, Helmut; Franck, Egon: Organisation – Eine ökonomische Perspektive. 2. überarb. u. erw. Aufl., Schäffer-Poeschel, Stuttgart, 1999

PPP-Kanzler AG, PPP/PFI-Terminologie der PPP-Kanzler AG, 30. Oktober 2001

Privatwirtschaftliche Realisierung öffentlicher Hochbauvorhaben (einschließlich Betrieb) durch mittelständische Unternehmen in Niedersachsen. Kurzfassung zu den Ergebnissen des Forschungsvorhabens, bearbeitet von TU Bergakademie Freiberg, Fakultät für Wirtschaftswissenschaften, Lehrstuhl für ABWL, insbesondere Baubetriebslehre, Prof. Dr.-Ing. Dipl.-Kfm. Dieter Jacob, Freiberg, 2002

Rationalisierungs- und Innovationszentrum der Deutschen Wirtschaft (RKW) (Hrsg.): Bauen + Dienstleisten – Neue Aufgaben für mittelständische Bauunternehmen. Tagungsdokumentation, Reihe „rationell bauen“, Eschborn, 1999

Rationalisierungs- und Innovationszentrum der Deutschen Wirtschaft (RKW) (Hrsg.): Stark im Markt! – Kooperationen in der Bauwirtschaft. Tagungsdokumentation, Reihe „rationell bauen“, Eschborn, 2000

Reidenbach, Michael et al.: Der kommunale Investitionsbedarf in Deutschland. Difu-Beiträge zur Stadtforschung, Hrsg.: Deutsches Institut für Urbanistik, Berlin, 2002

Roggencamp, Sybille: Public Private Partnership – Entstehung und Funktionsweise kooperativer Arrangements zwischen öffentlichem Sektor und Privatwirtschaft. Verlag Peter Lang, Frankfurt a.M., 1999

Schmidt, Ingo: Wettbewerbspolitik und Kartellrecht. Stuttgart, 1996

Schuppert, Gunnar F.: Grundzüge eines zu entwickelnden Verwaltungskooperationsrecht. Gutachten im Auftrag des Bundesministeriums des Innern, Berlin, 2001

Semlinger, Klaus: Innovationsnetzwerke – Kooperation von Kleinbetrieben, Jungunternehmen und kollektiven Akteuren. Hrsg.: Rationalisierungs- und Innovationszentrum der Deutschen Wirtschaft (RKW), Eschborn, 1998

Semlinger, Klaus: Das Wissensparadoxon fortschreitender Arbeitsteilung – Zur Notwendigkeit kooperativer Interaktion. In: Hentrich/Hoß (Hrsg.): Arbeiten und Lernen in Netzwerken, Eschborn, 2002

SiB – Gesellschaft zur Schlichtung und Mediation in Bank- und Bausachen, www.sib-gmbh.com/bank/loesung.htm, 18.12.2002

Spremann: Asymmetrische Information. In: Zeitschrift für Betriebswirtschaft, 50/1990

Staudt, Erich; et al.: Kooperationshandbuch – Ein Leitfaden für die Unternehmenspraxis. Stuttgart, 1992

Sydow, Jörg; Windeler, Arnold: Komplexität und Reflexivität in Unternehmensnetzwerken. Wiesbaden, 1997

Tegner, Henning: Investitionen in Verkehrsinfrastruktur unter politischer Unsicherheit – Ökonomische Probleme, vertragliche Lösungsansätze und wirtschaftspolitische Implikationen. Dissertation, TU Berlin, 2003, erscheint demnächst (bei Vandenhoeck & Ruprecht)

Wallau, Frank; Stephan, Marcel: Bietergemeinschaften und Dach-ARGE in der Mittelständischen Bauwirtschaft – Leitfaden und Checkliste. Hrsg.: Rationalisierungs- und Innovationszentrum der Deutschen Wirtschaft (RKW), Eschborn, 1999

Wilsdorf-Köhler, Heide: Systemangebote im Konsumgütersekor – Darstellung und Analyse aus Sicht dreier Theorien des strategischen Managements. Dissertation, TU Bergakademie Freiberg, 2002

Wischhof, Karsten; Bastuck, Stefanie; Pfiffer, Wolfdieter; Stöppler, Ralf-Stefan: Strategien für mittelständische Bauunternehmen in Europa. Hrsg.: Rationalisierungs- und Innovationszentrum der Deutschen Wirtschaft (RKW), Eschborn, 2000

Zentralverband des Deutschen Baugewerbes ZDB (Hrsg.): Neue Geschäftsfelder für Hochbauer. Tagungsdokumentation, Bonn, 1998